变频器应用技术

王浩然　韩　丽　主编

天津出版传媒集团
天津科学技术出版社

图书在版编目（CIP）数据

变频器应用技术 / 王浩然，韩丽主编. -- 天津 ： 天津科学技术出版社，2021.5

ISBN 978-7-5576-9213-1

Ⅰ. ①变… Ⅱ. ①王… ②韩… Ⅲ. ①变频器 Ⅳ. ①TN773

中国版本图书馆CIP数据核字(2021)第081213号

变频器应用技术

BIANPINQI YINGYONG JISHU

责任编辑：吴文博

责任印制：兰　毅

出　　版：天津出版传媒集团
天津科学技术出版社

地　　址：天津市西康路 35 号

邮　　编 ：300051

电　　话：（022）23332377

网　　址：www.tjkjcbs.com.cn

发　　行：新华书店经销

印　　刷：三河市嵩川印刷有限公司

开本　787*1092　1/16　印张　13　字数　200 000

2021 年 5 月第 1 版第 1 次印刷

定价：45.00 元

本书主要以MM440型变频器为例，系统的介绍了变频器基本使用以及实训操作。全书共五章：第1章主要介绍变频器的发展、分类及应用。第2章介绍变频器的基础知识，包括变频器的选用、铭牌以及结构。第3章主要介绍变频器的工作原理，这里主要讲述了交—直—交变频器和交—交变频器的工作原理。第4章重点介绍MM440型变频器，此章内容较为系统地介绍了MM440型变频的安装、调试、维护以及几种主要的控制电路。第五章介绍变频器与PLC在典型控制系统中的应用，包括PLC数字量控制的变频调速、PLC模拟量控制的变频调速、PLC通信方式控制的变频调速以及典型工作任务如：恒压供水、卷扬机、刨床、离心机控制系统。附录一为常用参数表，附录二为故障报警码。

本书可作为高职高专院校自动化类专业的教材，也可作为应用型本科相关专业的教材，本书兼顾理论知识与实践技能，适应高职专业课“一体化”的教学模式，以变频器为依据，以培养学生的综合职业素质为根本。

本书编委会

主　编　王浩然　韩　丽

副主编　曹励龄　李东蛟

前 言

本书为适应高等职业院校进行工学结合教学改革的需要，结合新的变频器技术资料编写的。本书以突出应用、注重技能为宗旨，由浅入深地阐述了变频器的基本组成、原理和控制方式，电动机变频调速机械特性，变频器常用控制电路，变频器与 PLC 在典型控制系统中的应用，变频器的操作、运行、安装、调试、维护及抗干扰等内容。本书主要面向高职院校，目前国家政策大力扶持职业教育，职业院校招生情况好转，变频器又是电气、机器等多个专业的必修科目，因此本书对促进职业教育的发展有着重大意义。

本书由辽宁工程职业学院王浩然、韩丽主编，曹励龄、李东蛟任副主编。第 1、2 章由曹励龄编写，4.5—4.8 由李东蛟编写，第 5 章及附录 1、2 由韩丽编写，其余由王浩然编写。王浩然负责全书统稿。编者在编写过程中参考了西门子公司的 MM440 变频器资料以及 S7—200 系列 PLC 的产品资料，天津科学技术出版社的编辑对本书的编写给予了大力支持，在此对他们致以衷心的感谢。在编写本书的过程中，编者参考了相关书籍和论文，并引用了其中的一些资料，在此一并向这些作者表示感谢。

但愿本书为广大电气工作人员所乐用，使本书成为您的良师益友！

由于时间和编者的水平所限，书中难免存在不足之处，敬请广大读者对本书提出宝贵意见。

编者

目 录

第一章 绪论

变频技术是建立在控制技术、电力电子技术、微电子技术和计算机技术基础上的一门综合性技术，并随着这些技术的发展而不断发展起来。

变频器是将恒压恒频的交流电变成变压变频的交流电的装置。变频器的问世，使得交流调速代替了直流调速，交流调速是现代电力传动技术的重要发展方向，随着新型大功率半导体器件的推出、控制理论的不断更新与发展以及微电子技术的不断完善，变频技术日趋完善。近年来，国内外变频器市场一直保持快速增长的势头，变频器已经越来越广泛地应用在工业生产和日常生活的诸多领域，取得了极佳的经济节能效益。学习了解变频器的发展历史以及发展趋势；了解变频器的分类以及在各个行业的应用；掌握三相异步电动机的几种调速方法以及变频器的主要技术指标。

1.1 变频器概述

交流变频器自 20 世纪 60 年代左右在西方工业化国家问世以来，到现在已经在我国得到了大面积的普及，并业已形成 60 亿元以上的年销售规模。根据变频器在不同行业的应用特点，很多厂家都推出了非常新颖的变频器，并将个性化发挥得淋漓尽致。

交流变频调速技术发展至今已有几十年的历史。低压变频器构成的交流调速系统，因其技术上的不断创新，使系统在性能上不断完善，并在电气传动领域挑战直流调速系统，已得到了广泛的应用。现在，变频技术在发达国家已经成熟，随着新的电力电子器件的不断出现，新的变频技术层出不穷，使其得到了更广泛的推广应用。

直流电动机拖动和交流电动机拖动先后诞生于 19 世纪，已有 100 多年的历史，已经成为动力机械的主要驱动装置。但是，由于技术上的原因，在很长一段时间内，需要进行调速控制的拖动系统基本上采用直流电动机。由于换向器的存在，直流电动机的维护量大，单机容量和最高转速受限。因此，直流电动机存在维护保养困难、寿命较短、不适于恶劣环境应用、结构复杂等缺点，在许多场合下，人们希望用可调速的交流电动机来代替直流电动机。于是，在交流调速系统方面展开了大量的研究。

20 世纪 70 年代的能源危机使人们认识到了节能的重要性，促使人们向不调速系统中占很大比重的风机、泵类等负载要能源，世界各国纷纷开始重视交流调速技术，进一步加强了交流调速技术的研究开发工作。

1.2 变频器技术的发展

变频器经历了 40 余年的研发与应用实践，随着新型电力电子器件和高性能微处理器的应用及控制技术的发展，其性能价格比越来越高，应用越来越普及。

1.2.1 电力电子器件是变频器发展的基础

无论是交—直—交变频器还是交—交变频器，其主电路都是采用电力电子器件作为开关器件的，所以电力电子器件是变频器发展的基础。

第一代电力电子器件是出现于 1957 年的晶闸管，它为半导体器件应用于强电领域的自动控制迈出了重要的一步，20 纪 70 年代晶闸管开始派生出各种系列产品。普通晶闸管不能自关断，属于半控型器件。由晶闸管组成的变频器工作频率低，应用范围窄。

第二代电力电子器件是以门极关断晶闸管（GTO 晶闸管）、电力双极结型晶体管 (BJT)和电力 MOS 场效应晶体管(Power MOSFET)为代表的电流型自关断器件。这类器件可方便实现逆变和斩波，但开关频率低。尽管这时已经出现了脉宽调制（PWM）技术， 但因载波频率和最小脉宽都受到限制，难以达到较为理想的正弦脉宽调制波形，使异步电动机在变频调速时产生刺耳的噪声，限制了变频器的推广应用。

第三代电力电子器件是以复合型的电力 MOS 场效应晶体管(MOSFET)、绝缘栅双极晶体管(IGBT)为代表的电压型自关断器件，栅极信号功率小，其开关频率可以达到 20KHz 以上，采用 PWM 的逆变器谐波噪声大大降低。而且其电压和电流参数均已超过 GTR(电力晶体管) ，因此变频器中的 IGBT 逐渐取代了 GTR，低压变频器的容量在 380V 级达到了 540kVA;而 600V 级达到了 700 kVA，最高输出频率可达 400～600Hz，能对中频电动机进行调速控制。

第四代电力电子器件以智能功率模块(IPM)为代表，IPM不仅把功率开关器件和驱动电路集成在一起，而且内部集成有过电压、过电流和过热等故障检测电路，并可将检测信号送达 CPU(中央处理器)。它由高速低功耗的管芯和优化的门极驱动电路以及快速保护电路构成。即使发生负载事故或使用不当，也可以保证 IPM 自身不受损坏。IPM 一般使用 IGBT 作为功率开关器件，内部集成了电流传感器及驱动电路。IPM 具有高可靠性，是变频调速的一种非常理想的电力电子器件。

1.2.2 计算机技术和自动控制理论是变频器发展的支柱

变频器的发展得益于计算机技术的支持。从 20 世纪 80 年代以来，计算机技术得到了突飞猛进的发展，已用 64 位微处理器取代了 32 位微处哩器，使变频器的功能也从单一的变频调速功能发展为包含算术、逻辑运算及智能控制的综合功能；自动控制理论的发展使变频器在改善压频比控制性能的同时，能实现矢量控制、直接转矩控制、模糊控制和自适应控制等多种模式。现代的变频器已经内置有参数辨识系统、PID 调节器、PLC(可编程序控制器)和通信单元等，根据需要可实现拖动不同负载、宽调速和伺服制等多种功能。

1.2.3 市场需求是变频器发展的动力

随着变频技术的高速发展与综合利用，变频器在医学、通信、交通、运输、电力、电子 及环保等领域得到空前的发展和应用，几乎国民经济各行各业都与变频器密不可分。从整体看，目前我国变频器行业的竞争日趋激烈。由于极具吸引力，市场已形成一定规模，潜在容量也十分可观，不断吸引着行业新参与者。随着国内厂家的技术进步和质量稳定性的提升，加上服务和价格方面的优势，预计未来几年高端产品被国外厂家垄断的市场局面将有所改观。

1.2.4 变频器的发展趋势

(1) 低电磁噪声、静音化

新型变频器除采用高频载波方式的 SPWM 实现静音化外，还在变频器输入侧加入交流电抗器或有源功率因数校正（APFC）电路，而在逆变电路中采用 SOFT—PWM 技术等，以改善电流波形、降低电网谐波，在抗干扰和抑制高次谐波方面符合 EMC(电磁兼容)国际标准，实现清洁电能的变换。

（2）专用化

为更好地发挥变频器调速控制技术的独特功能，并尽可能满足现场控制的需要，派生了许多专用变频器。如风机水泵空调专用型、超重机专用型、交流电梯专用型及纺织机械专用型等。

（3）系统化

变频器除了发展单机的数字化、智能化及多功能化外，还向集成化、系统化方向发展，　目的是为用户提供更好的系统功能。

（4）网络化

变频器可提供多种兼容的通信接口，支持多种不同的通信协议，内装 RS—485 接口，可由个人计算机向变频器输入运行命令和设定功能码数据等。

1.3 变频器的分类

几种常用的分类方法:根据变频器变流环节的不同分为交—直—交变频器和交—交变频器；根据直流电路的滤波环节的不同分为电压源型变频器和电流源型变频器；根据电压的调制方式分为正弦波脉宽调制（SPWM）变频器和脉幅调制（PAM）变频器；根据控制方式分为 V/f 控制、转差频率控制、矢量控制和直接转矩控制变频器；根据输入电源的相数分为三进三出变频器和单进三出变频器；根据负载转矩特性分为 P 型机变频器、G 型机变频器和 P/G 合一型变频器；根据应用场合分为通用变频器和专用变频器；根据供电电源电压等级分为低压变频器和高压变频器。

1.3.1 按原理分类

(1)交—直—交变频器先把工频交流电通过整流器变换成直流电，然后把直流电变换成频率电压可调的交流电，又称间接式变频器。由于把直流电逆变成交流电的环节较易控制，因此在频率的调节范围以及改善频率后的电动机的特性等方面都有明显的优势，目前广泛应用于通用变频器。

(2)交—交变频器将固定频率的交流电直接变换成频率和电压都连续可调的交流电，又称直接式变频器。它的主要优点是没有中间环节，变换效率高。但其连续可调的频率范围较窄，一般在额定频率的1/2以下（$0<f<f_N/2$），故主要用于容量较大的低速拖动系统。

交—交变频器按相数可以分为单相输出交—交变频器和三相输出交—交变频器；按照电路中是否存在环流可以分为有环流交—交变频器和无环流交—交变频器；按输出波形可以分为方波交—交变频器和正弦波交—交变频器。

1.3.2 按控制方式分类

(1)U/f控制变频器　U/f控制又称为压频比控制。它的基本特点是对变频器输出的电压和频率同时进行控制。在额定频率以下，通过保持U/f恒定使电动机获得所需的转矩特性。这种方式的控制电路成本低，多用于精度要求不高的通用变频器。

(2)转差频率控制变频器　转差频率控制也称为SF控制，是在U/f控制基础上的一种改进方式。采用这种控制方式，变频器通过电动机、速度传感器构成速度反馈闭环调速系统。变频器的输出频率由电动机的实际频率与转差频率之和来自动设定，从而达到在调速控 制的同时也使输出转矩得到控制。该方式是闭环控制，故与U/f控制相比，调速精度与转矩特性较优。但是由于这种控制方式需要在电动机轴上安装速度传感器，并需依据电动机特性调节转差，故通用性较差。

(3)矢量控制变频器　矢量控制（Vector Control)简称VC，是20世纪70年代由德国人F. Blaschke首先提出来的针对交流电动机的一种新的控制思想和控制技术，也是异步电动机的一种理想调速方法。矢量控制的基本思想是将异步电动机的定子电流分解为产生磁场的电流分量（励磁电流）和与其相垂直的产生转矩的电流分量（转矩电流），并分别加以控制。由于在这种控制方式中必须同时控制异步电动机定子电流的幅值和相位，即控制定子电流矢量，所以这种控制方式被称为矢量控制。

矢量控制方式使异步电动机的高性能成为可能。矢量控制变频器不仅在调速范围上可以与直流电动机相媲美，而且可以直接控制异步电动机转矩的变化，所以已经在许多需精密或快速控制的领域得到应用。

(4)直接转矩控制变频器　直接转矩控制（Direct Torque Control)简称DTC，

1985 年德国鲁尔大学 Depenbrock 教授首先提出直接转矩控制理论。它是把转矩直接作为控制量来控制。其实质是用空间矢量的分析方法，以定子磁场定向方式对定子磁链和电磁转矩进行 直接控制。这种方法不需要复杂的坐标变换，而是直接在电动机定子坐标上计算磁链的模和转矩的大小，并通过磁链和转矩的直接跟踪实现 PWM（脉宽调制）和系统的高动态性能。

1.3.3 按直流环节的储能方式分类

(1) 电压型变频器 电压型变频器的特点是中间直流环节的储能元件采用大电容，负载的无功功率将由它来缓冲，直流电压比较平稳，直流电源内阻较小，相当于电压源，故称为电压型变频器，常用于负载电压变化较大的场合。

(2) 电流型变频器 电流型变频器的特点是中间直流环节采用大电感作为储能环节，缓冲无功功率，即扼制电流的变化，使电压接近正弦波，由于该直流电源内阻较大，故称电流源型变频器（电流型变频器）。电流型变频器的优点是能扼制负载电流频繁而急剧的变化，常选用于负载电流变化较大的场合。

1.3.4 按输出电压调节方式分类

变频调速时，需要同时调节逆变器的输出电压和频率，以保证电动机主磁通恒定。对输出电压的调节主要有脉幅调制方式和脉宽调制方式。

(1) 脉幅调制 脉幅调制（Pulse Amplitude Modulation，PAM）方式是通过改变电压源 Ud 或电流源 Id 的幅值进行输出控制的。在变频器中，逆变器只负责调节输出频率，而输出电压的调节则由相控整流器或者直流斩波器通过调节直流电压去实现。采用此种方式，当系统在低速运行时，谐波和噪声都比较大，只有在与高速电动机配套的高速变频器中才采用。

(2) 脉宽调制 脉宽调制（Pulse Width Modulation，PWM）方式是在变频器输出波形的一个周期内通过调节输出脉冲波的个数来调节输出电压的。变频器中的整流部分采用不可控的二极管整流电路，变频器的输出频率和电压的调节都由逆变器按照 PWM 方式完成。利用参考电压波和载频三角波互相比较，来决定主开关器件的导通时间，从而实现调压。利用脉冲宽度的改变来得到幅值不同的正弦基波电压。

参考信号为正弦波、输出电压平均值近似 为正弦波的 PWM 方式，称为正弦 PWM 调制，简称 SPWM 方式。通用变频器中大多采用这种方式。

1.3.5 按用途分类

对一般用户来说，更为关心的是变频器的用途，根据用途的不同，对变频器进行如下分类。

(1)通用变频器顾名思义，通用变频器的特点是其通用性。随着变频技术的发展和市场需求的不断扩大，通用变频器也在朝着两个方向发展：一是低成本的简易型通用变频器；二是高性能多功能的通用变频器。它们分别具有以下特点：

① 简易型通用变频器是一种以节能为主要目的而简化了一些系统功能的通用变频器。它主要应用于水泵、风扇、鼓风机等对于系统调速性能要求不高的场合，并具有体积小、价格低等方面的优势。

② 高性能多功能的通用变频器在设计过程中充分考虑了在变频器应用中可能出现的各种需要，并为满足这些需要在系统软件和硬件方面都做了相应的准备。在使用时，用户可以根据负载特性选择算法并对变频器的各种参数进行设定，也可以根据系统的需要选择厂家所提供的各种备用选件来满足系统的特殊需要。

(2)专用变频器

① 高性能专用变频器。随着控制理论、交流调速理论和电力电子技术的发展，异步电动机的矢量控制得到发展，矢量控制变频器及其专用电动机构成的交流伺服系统的性能已经达到和超过了直流伺服系统。此外，由于异步电动机还具有环境适应性强、维护简单等许多直流伺服电动机所不具备的优点，因此在要求高速、高精度的控制中，这种高性能交流伺服变频系统正在逐步代替直流伺服系统。

变频器最高功率可达到 5000kW，电压等级为 3kV、6kV 和 10kV。

② 高频变频器。在超精密加工和高性能机械中，常常要用到高速电动机，为了满足这些高速电动机的驱动要求，出现了采用 PAM 控制方式的高频变频器，其输出频率可达到 3kHz，驱动两极异步电动机时的最高转速为 180000r/min。

③ 高压变频器。高压变频器一般是大容量的高压变频器主要有两种结构形式：一种是用低压变频器通过升降压变压器构成，称为“高—低—高”式高压变频器，

亦称为间接式高压变频器；另一种是采用大容量门极关断（GTO)晶闸管或集成门极换流晶闸管（IGCT)串联方式，不经变压器直接将高压电源整流为直流，再逆变输出高压，称为“高一高”式高压变频器，亦称为直接式高压变频器。

此外，变频器还可以按国际区域分类，按主开关元器件分类，按输入电压高低分类等。

1.4 变频器的应用

随着工业自动化程度不断提高，变频器的应用领域越来越广泛，变频器主要用于交流电动机（异步电动机或同步电动机）转速的调节，是公认的交流电动机最理想、最有前途的调速方案，目前产品已被广泛应用于冶金、矿产、造纸、化工、建材、机械、电力及建筑等工业领域中，可以有效达到调速节能、过电流保护、过电压保护、过载保护等多种功能，是企业技术改造和产品更新换代的理想调速装置。自 20 世纪 80 年代被引进中国以来，变频器在节能应用与速度工艺控制中得到了快速发展和广泛的应用。

1.4.1 变频器在塑胶行业的应用

在塑料产品的生产过程中，由于塑料的特性不同、产品的规格繁多和生产工艺的要求不同，很多地方都需要对生产机械进行调速，随着电力电子技术的迅速发展，变频调速的技术 已经成熟，其平滑无级调速、高可靠性、高精度及节能等优点，在一定程度上提高了塑胶机 械的自动化水平，推动了塑胶行业的发展。

1.4.2 变频器在造纸行业的应用

造纸企业是高能耗企业，每吨纸所耗电能在 500kWh 以上，电能消耗十分严重，从设备类型看 50%以上为风机、泵类负载，而这些设备目前基本上是采用阀门或挡板来调节风量 或液体流量的，大量的能量消耗在阀门或挡板上，采用变频器进行调节，可以大量减少能量 消耗，节能经济利益十分明显，值得企业大力推广。

1.4.3 变频器在注塑机中的应用

注塑机是对各种塑料进行加热、熔融、搅拌、增压，将塑料流体注入型腔内，完成工件一次注塑成型的设备。它的工序过程基本是相同的，大致可分为 7 个工序过程：锁模、射胶、保压、熔胶、冷却、开模、顶出。每个工序都需要不同的压力和流量，也就是说被加工的工件不都是在最大压力或流量下工作的，其压力和流量靠压力比例阀和流量比例阀来调节，通过调整压力比例阀或流量比例阀的开度来控制压力和流量大小。

然而，油泵电动机在恒速运转时各工序中油泵的输入功率并没有多大变化，若用变频器来调节油泵电动机的转速，来实现对压力和流量的调节，既经济又实用。

1.4.4 变频器在中央空调冷却泵上的应用

中央空调的基本工作原理为采用压缩机强迫制冷循环，将建筑物中的热量通过冷媒（通常为水）转移到制冷剂中，通过冷却塔再将热量转移到大气中，其中循环水的冷却泵和 冷冻泵所消耗的能量约占总耗能的 60%。空调设备的设计工况是按最大制冷量来考虑的，绝大多数的时间在低负荷情况下工作，因此，使用变频器进行驱动将节约大量的能量。

1.4.5 在节能方面的应用

变频器的最初用途是速度控制，但目前在国内应用较多的是节能。我国是能耗大国，能源利用率较低，且能源储备不足。我同在 2003 年的电力消耗中，60%~70% 为动力电，而在总容量为 5.8 亿 kW 的电动机总容量中，只有不到 2000 万 kW 的电动机是带变频控制的。据分析，在我国，带变动负载、具有节能潜力的电动机至少有 1.8 亿 kW。因此国家大力提倡节能，并着重推荐了变频调速技术。

应用变频调速，可以大大提高电动机转速的控制精度，使电动机在最节能的转速下运行。以风机水泵为例，根据流体力学原理，轴功率与转速的三次方成正比。当所需风量减少，风机转速降低时，其功率按转速的三次方下降. 因此，精确调速的节电效果非常可观。与此类似，许多变动负载电动机一般按最大需求来生产电动机的容量，因而设计裕量偏大。而在实际运行中，轻载运行的时间所占比例却非常高。如采用变频调速，可大大提高轻载运行时的工作效率。因此，变动负载的节能潜力巨大。

作为节能目的，变频器广泛应用于各行业。以电力行业为例，由于中国大面积缺电，电力投资将持续增长，同时，国家电改方案对电厂的成本控制提出了要求，降低内部电耗成为电厂关注焦点，因此变频器在电力行业有着巨大的发展潜力，尤其是高压变频器和大功率变频器。

1.4.6 在自动化系统中的应用

由于变频器内置有 32 位或 16 位的微处理器，具有多种算术逻辑运算和智能控制功能，输出频率精度高达 0.01%~0.1%，还设置有完善的检测、保护环节。因此，变频器在自动化控制系统中获得了广泛的应用。例如：化纤工业中的卷绕、拉伸、计量、导丝；玻璃工业中的平板玻璃退火炉、玻璃窑搅拌、拉边机、制瓶机；电弧炉自动加料、配料系统以及电梯的智能控制等。

1.4.7 在提高工艺水平和产品质量方面的应用

变频器还可以广泛用于传动、起重、挤压和机床等各种机械设备控制领域，它可以提高工艺水平和产品质量，减少设备的冲击和噪声，延长设备的使用寿命。采用变频调速控制后，使机械系统简化，操作和控制更加方便，有的甚至可以改变原有的工艺规范，从而提高了整个设备的功能。

1.4.8 在家用电气方面的应用

除了工业相关行业，在普通家庭中，节约电费、提高家电性能、保护环境等受到越来越多的关注，变频家电成为变频器的另一个广阔市场和应用趋势。带有变频控制的冰箱、洗衣机、家用空调等，在节电、减小电压冲击、降低噪声、提高控制精度等方面有很大的优势

第二章 变频器的基础知识

2.1 变频器品牌介绍

目前市场上变频器种类很多，国产品牌如西普、佳灵、 KV1000、康沃、惠丰、森兰、安邦信、富凌、时代、海利等。有我国港澳台地区的品牌，如普传、台达、阳岗、台安、正频、东亢、宁茂、爱德利等。欧美品牌如德国的 SIEMENS（西门子）、KEB（科比）、Lenze（伦茨）；法国的 Schneider（施耐德）；丹麦的 DANFOSS（丹佛斯）；芬兰的 Vacon（威肯）；瑞典的 ABB 等。日本品牌如富士、三菱、安川、三垦、东芝、日立、明电、松下、东洋等。韩国品牌如 LG、三星、现代等。

不同类型、不同品牌的变频器有不同的标准规格和技术参数，价格相差也很大，每个生产厂家都有标准规格和技术规范，供大家在选择变频器时进行参考，并非最贵的变频器就是最合适的变频器。选择变频器时，究竟选用什么品牌、规格的变频器应根据用户自身的实际情况与要求，选择出性能价格比最好的变频器，才是最合适的。

2.2 选用变频器时应注意的问题

（1）变频器的分类

变频器按用途分，大致可分为三类，即通用型变频器、高性能变频器和专用变频器。专用变频器是针对某种类型的机械而设计的变频器，如德国西门子的 MM430 变频器就是风机、泵类专用变频器。

（2）变频器的用途

采用变频器，有以调速为主要目的的，也有以节能为主要目的的，应视负载性质及用途等条件而定。负载类型主要有恒转矩、二次方转矩和恒功率三大类，它们与节能的关系见表 1.1。

表 1.1 负载类型与节能关系表

负载类型	恒转矩 M=C	二次方转矩 Mcc/L^2	恒功率 P = C
主要设备	传送带 起重机 压榨机 压缩机	风机 泵类	卷扬机、轧机 机床主轴等
功率与转速的关系	PCCN	PCCN3	P = C
使用变频器的目的	以节能为主	以节能为主	以调速为主
使用变频器的节能效果	一般	显著	较小（指降压方式）

（3）性价比的评估

选用变频器时不要认为档次越高越好，而应按拖动负载的特性选择合适的 变频器，满足使用要求即可，以便做到量才使用、经济实惠。采用通用变频器 即可满足要求的，就不要采用高性能变频器。但对一些十分重要、不允许停机 的场合，即使价格高一些也应选择性能好、可靠性高、不易发生故障的变频器。

（4）容量选择

变频器的容量选择与电动机的容量能否充分发挥密切相关。变频器容量选 择的过小，则电动机的潜力就不能充分发挥；相反，变频器容量选择的过大， 变频器的余量就显得没有意义，且增加了不必要的投资。

（5）售后服务

尽可能购买零部件易配、售后服务好的厂家的产品，以便给日后使用、维修带来便利。

2.3.变频器的主要技术参数

不同型号的变频器的性能指标有所不同，随着变频器功能增加，变频器重量、外形尺寸以及变频器额定输出电流和额定输出容量都在增大。下面介绍通用变频器的主要技术参数。

（1）输入电压

主要指变频器的输入电压的相数、大小和频率，常见的有以下几种：

① 三相 380V 50/60Hz。绝大多数变频器采用这种规格。

② 三相 220V 50/60Hz。主要用于某些进口变频器。

③ 单相 220V 50/60Hz。主要用于家用小容量变频器。

（2）输出电压

由于变频器在变频的同时也要变压，所以输出电压是指输出电压的相数、电压变动范围和频率变动范围。一般输出电压的变动范围为 0～输入电压，即输出电压的最大值和输入电压相等。但不管变频器的输入电压是单相还是三相，变频器输出的总是三相交流电压。

（3）额定输出电流 I_N

通常指的是允许长时间输出的最大电流，是用户选择变频器的主要依据。

（4）额定输出容量 S_N

S_N取决于 U_N和 I_N的乘积，即

$$S_N = \sqrt{3}\, U_N I_N$$

式中，U_N为额定输出电压；I_N为额定输出电流。

（5）过载能力

是指变频器输出电流超过额定电流的允许范围和时间。大多数变频器都规定为 $1.5I_N$和 60s。

（6）输出频率

不同厂家不同型号的变频器的输出频率有所不同，欧姆龙 3G3MX2 变频器的输

出频率范围为：0.10～400Hz（高频模式时：1000Hz）。

2.4 西门子 MM4 系列变频器介绍

德国西门子公司 MM4 系列变频器有四种类型，即 MICROMASTER410（MM410）、MICROMASTER420（MM420）、MICROMASTER430（MM430）、MICROMASTER440（MM440）。

MM410 通用型变频器是用于控制三相交流电动机速度的变频器系列。本系列有多种型号，单相供电电源额定功率范围为 120～750W，可供用户选用。MM410 变频器由微处理器控制，并采用具有现代先进技术水平的绝缘栅双极型晶体管（IGBT）作为功率输出器件。因此，它们具有很高的运行可靠性和功能的多样性。其脉冲宽度调制的开关频率是可选的。因而降低了电动机运行的噪声。全面而完善的保护功能为变频器和电动机提供了良好的保护。

MM410 变频器具有缺省的工厂设置参数，它是给应用范围很广的简单电动机控制系统供电的理想变频驱动装置。MM410 变频器既可用于单机驱动系统，也可以集成到自动化系统中。

MM420 是用于控制三相交流电动机速度的变频器系列。本系列有多种型号，从单相电源电压，额定功率 120W 到三相电源电压，额定功率 11kW 可供用户选用。MM420 变频器由微处理器控制，并采用具有现代先进技术水平的绝缘栅双极型晶体管（IGBT）作为功率输出器件。因此，它们具有很高的运行可靠性和功能的多样性。其脉冲宽度调制的开关频率是可选的，因而降低了电动机运行的噪声。全面而完善的保护功能为变频器和电动机提供了良好的保护。

MM420 具有缺省的工厂设置参数，它是给数量众多的简单的电动机控制系统供电的理想变频驱动装置。由于 MM420 具有全面而完善的控制功能，在设置相关参数以后，它也可用于更高级的电动机控制系统。MM420 既可用于单独驱动系统，.也可集成到自动化系统中。

MM420 通用型变频器主要用于传送带、材料运输机、风机、泵类、机床驱动等负载。其主要特点是：易于安装、易于调试，牢固的 EMC 设计，可由 IT（中性点不接地)电源供电，对控制信号的响应是快速和可重复的，参数设置的范围很广，确保它可对广泛的应用对象进行配置，电缆连接简便，采用模块化设计，配置非常灵活脉宽调制的频率高，因而电动机运行的噪声低。详细的变频器状态信息和信息集成功能。

有多种可选件供用户选用。用于与PC通信的通信模块、基本操作面板(BOP)、高级操作面板(AOP),用于进行现场总线通信的PROFIBUS module通信模块、CANopen module 通信模块、DeviceNet module 通信模块、EMC 滤波器、LC 滤波器、进线电抗器、输出电抗器、PC connection kit PC至变频器连接组、PC to AOP connection kit PC至AOP连接组件、Cable screening kit 密封盖FSA Cable screening kit 密封盖板FSB、Cable screening kit 密封盖板FSC、AOP door mounting kit AOP 柜门安装组件、BOP/AOP doormounting kit 柜门安装组件、制动电阻、输出电抗器、LC 输出滤波器等。

MM430是用于控制三相交流电动机速度的变频器系列。本系列有多种型号，额定功率范围为7.5~250kW，可供用户选用。在采用变频器的出厂设定功能和缺省设定值时，MM430 变频器特别适合用于水泵和风机的驱动。MM430 变频器由微处理器控制，并采用具有现代先进技术水平的绝缘栅双极型晶体管（IGBT)作为功率输出器件。因此，它们具有很高的运行可靠性和功能的多样性。其脉冲宽度调制的开关频率是可选的，因而降低了电动机运行的噪声。全面而完善的保护功能为变频器和电动机提供了良好的保护。

MM440是适合用于三相电动机速度控制和转矩控制的变频器系列，功率范围涵盖 120W∽200kW[恒转矩(VT)方式]或 250kW [变转矩 (VT)方式]的多种型号可供用户选用。本变频器由微处理器控制，并采用具有现代先进技术水平的绝缘栅双极型晶体管（IGBT)作为功率输出器件，因此，它们具有很高的运行可靠性和功能的多样性。其脉冲宽度调制的开关频率是可选的，因而降低了电动机运行的噪声。全面而完善的保护功能为变频器和电动机提供了良好的保护。

MM440变频器具有缺省的工厂设置参数，它是为简单电动机速驱动系统供电的理想变频驱动装置。由于MM440具有全面而完善的控制功能，在设置相关参数以后，它也适合用于需要多种功能的电动机控制系统。MM440 既可用于单机驱动系统也可集成到自动化系统中。

2.5 变频器的型号及主要技术参数

2.5.1 变频器的铭牌

本书以西门子 MicroMaster440 变频器为例，来介绍通用变频器的原理及应用。所有变频器出厂时都贴了铭牌，说明变频器的型号和主要的技术参数。图 1.1 所示为 MicroMaster440 变频器的铭牌。

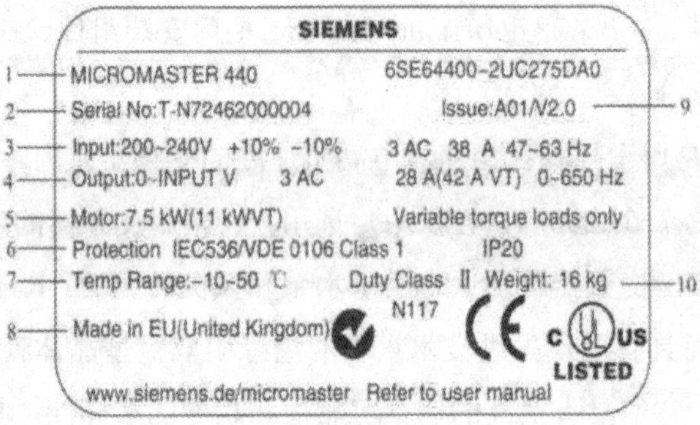

图 1.1 西门子 MM440 变频器的铭牌

1—变频器型号；2—制造序号；3—输入电源规格；4—输出电流及频率范围；5—适用电动机及其容量；6—防护等级；7—运行温度；8—产地（采用的标准）；9—硬件/软件版本号；10—质量

2.5.2 西门子 MM440 变频器的型号

西门子 MM440 变频器的型号为 6SE64400—2UC275DA0,其各项表示的意义如图 1.2 所示。

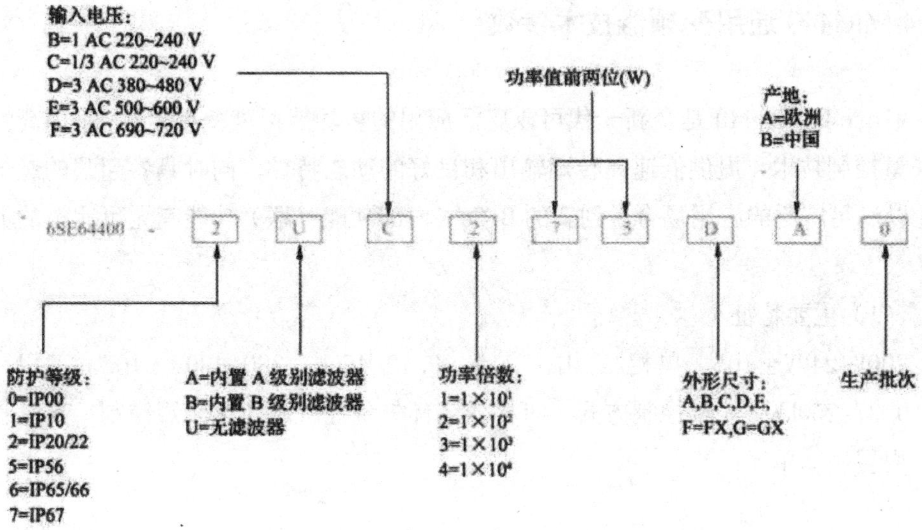

图 1.2 西门子 MM440 变频器的型号说明

2.5.3 西门子变频器的订货号

西门子公司生产的每件产品都有订货号，订货号将每件产品所要表达的意义都包括在内，所以了解订货号，就能了解所订购产品的性能。例如，6SE7021—3EB61—Z 是西门子变频器的订货号，其各项表达的含义如下：

6SE7:表示 SIMOVERT MASTERDRIVES 6SE7 系列变频器。

0:表示书本型、装柜型装置。

2:表示输出电流倍数为 1 倍（1 表示 10%，3 表示 10 倍，4 表示 100 倍）。

1—3:表示输出电流前两位，因此本变频器的输出电流=1×13 = 13 A。

E:表示输入电压，3 AC 380～480 V。

B:表示装置尺寸。

6:表示控制形式，S1MOVERT 矢量控制。

1:表示功能状态。

Z:用选件时的补充代号。

2.5.4 MM440 通用变频器技术参数

MicroMaster440 是全新一代可以广泛应用的多功能标准变频器。它采用高性能的矢量控制技术，提供低速高转矩输出和良好的动态特性，同时具备超强的过载能力，以满足广泛的应用场合。创新的 BiCo（内部功能互联）功能有无可比拟的灵活性。

（1）主要特征

200V~240V±10%，单相/三相，交流，0.12~45kW；380~480V±10%，三相，交流，0.37~250kW；矢量控制方式，可构成闭环矢量控制，闭环转矩控制；高过载能力，内置制动单元；

（2）控制功能

线性 v/f 控制，平方 v/f 控制，可编程多点设定 v/f 控制，磁通电流控制免测速矢量控制，闭环矢量控制，闭环转矩控制，节能控制模式；标准参数结构，标准调试软件；

数字量输入 6 个，模拟量输入 2 个，模拟量输出 2 个，继电器输出 3 个；独立 I/O 端子板，方便维护；

采用 BiCo 技术，实现 I/O 端口自由连接；内置 PID 控制器，参数自整定；

集成 RS485 通讯接口，可选 PROFIBUS—DP/Device—Net 通讯模块；具有 15 个固定频率，4 个跳转频率，可编程；可实现主/从控制及力矩控制方式；

在电源消失或故障时具有“自动再起动”功能；

灵活的斜坡函数发生器，带有起始段和结束段的平滑特性；快速电流限制（FCL），防止运行中不应有的跳闸；有直流制动和复合制动方式提高制动性能。

（3）保护功能

过载能力为 200%额定负载电流，持续时间 3 秒和 150%额定负载电流，持续时间 60 秒；

过电压、欠电压保护；变频器、电机过热保护；

接地故障保护，短路保护；闭锁电机保护，防止失速保护；

采用 PIN 编号实现参数连锁。

2.6 MM440 变频器的电路基本结构

一般变频器的内部电路分为两大部分，一部分是完成电能装换（整流、逆变）的主电路；另一部分是处理信息的收集、变换和传输功能的控制电路。

（1）主电路

主电路是由电源输入单相交流电或三相交流电，经整流电路转换为直流电压，供给逆变电路。逆变电路在 CPU 的控制下，将直流电压逆变成电压、频率均可调的三相交流电供给电动机负载。MM440 变频器其真流环节是通过电容进行滤波的，因此其属于电压型交一直一交变频器。

（2）控制电路

控制电路是由 CPU、模拟输入、模拟输出、数字输入、输出继电器触头、操作面板等器件组成。

第三章 变频器的基本工作原理

变频调速：只要改变电源的频率就可以调节旋转磁场的转速，从而实现电动机转子的调速。也就是说，根据三相异步电动机调速原理可知，在电动机调速时，如果保持电动机的磁极对数和转差率不变，那么旋转磁场的转速与电源的频率成正比。因此想要实现变频调速，就必须能够改变电动机供电电源的频率和电压。从这个角度看，变频器就是一种把电压和频率固定不变的交流电，转化为电压和频率均可调的交流电的电力电子电源变换装置。

在实际应用中，根据实现电压和频率调节的方式不同，变频器可分为交—直—交变频器和交—交变频器，变频调速系统示意图如图 3.1 所示。

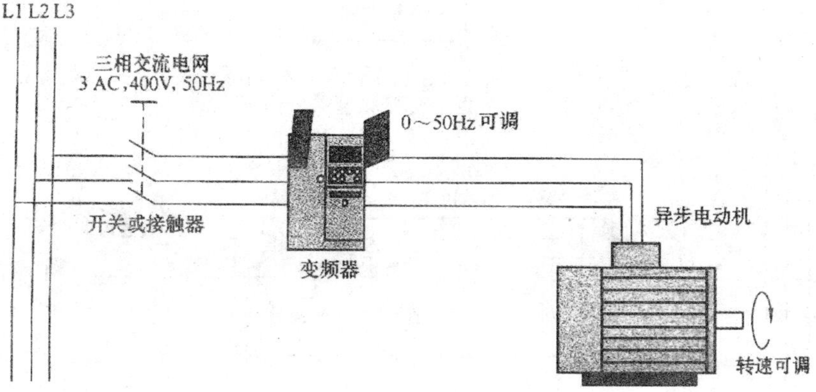

图 3.1 变频调速系统示意图

3.1 交—直—交变频器

交直交变频器的工作原理是借助微电子器件、电力电子器件和控制技术，先将工频电源经过二极管整流成直流电，再由电力电子器件把直流电逆变为频率可调的交流电源。这种方法容易实现，技术成熟，而且变频特性优良，获得了广泛应用。

交—直—交变频器的主电路由整流电路、中间电路和逆变电路三部分组成，整流器为二极管三相桥式不控整流器或大功率晶体管组成的全控整流器，逆变器是大功率晶体管组成的三相桥式电路，其作用正好与整流器相反，它是将恒定的直流电交换为可调电压，可调频率的交流电。中间滤波环节是用电容器或电抗器对整流后的电压或电流进行滤波。交—直—交变频器系统组成框图如图 3.2 所示，主电路内部结构如图 3.3 所示，在工作过程中，从电网接入幅值和频率都恒定的交流电压信号，经由整流器转换成直流电压，再经逆变器转化为幅值和频率都可调的交流电压信号，电压信号以交流—直流—交流形式转换，从而实现电动机变频调速。

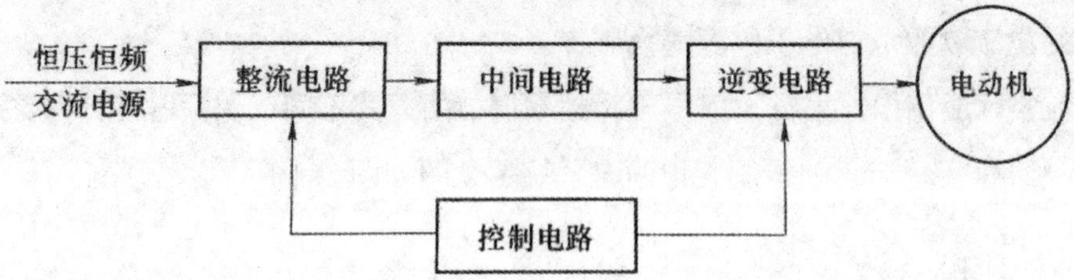

图 3.2 交—直—交变频器系统组成框图

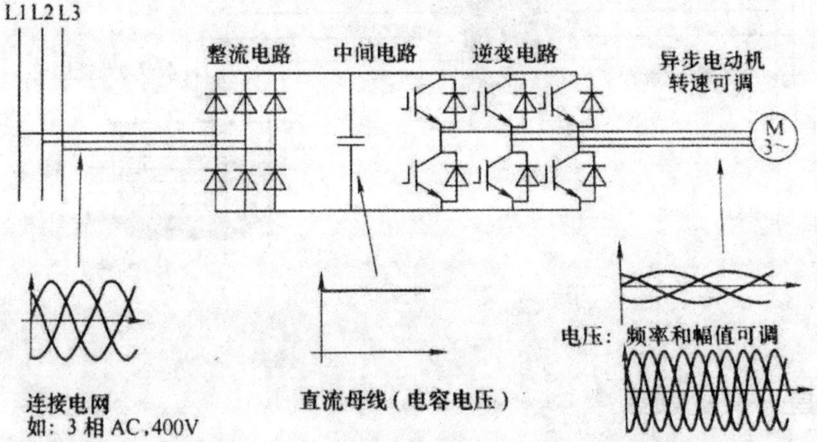

图 3.3 变频器主电路内部结构

3.1.1 整流电路

整流电路的功能是将交流电转换成直流电。整流电路按使用的器件不同分为不可控整流电路和可控整流电路；按输入交流电源的相数不同分为单相整流电路、三相整流电路和多相整流电路。

（1）不可控整流电路

不可控整流电路使用的器件为电力二极管，其特性与普通二极管相似，只要在二极管两端加足够大的正向阳极电压，二极管就会导通，反之则截至，由于无法控制其阳极电流，因此称为不可控器件。变频器中应用最多的是单相整流电路和三相整流电路，下面以三相整流电路为例，如图 3.4 所示。

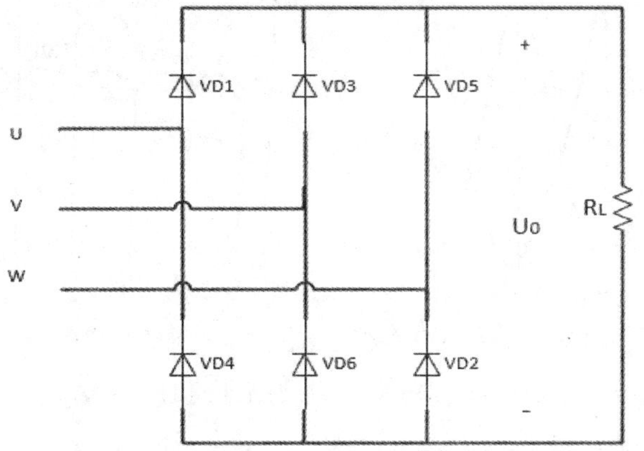

图 3.4 三相桥式不可控整流电路

三相桥式不可控整流电路可以看为两个三相半波不可控整流电路的组合，电路共有 6 只整流二极管，为了分析方便，使三相整流电路中 6 个整流二极管的触发顺序是 1—2—3—4—5—6，其中 3 只二极管 VD_1、VD_3、VD_5 的阴极连接在一起，称为共阴极组； VD_4、VD_6、VD_2 的阳极连接在一起，称为共阳极组。VD_1 和 VD_4 接 U 相，VD_3 和 VD_6 接 V 相，VD_5 和 VD_2 接 W 相。三相对称交流电源 U、V、W 相的电压波形如图 3.5a 所示，把三相交流电压波形在一个周期内 6 等分，分点为自然换相点。在接入电源工作期间，每等份时间段内，在共阴极中阳极电位最高的二极管优先导通，在共阳极组中阴极电位最低的二极管优先导通。同一时刻每组各一只二极管导通，其余四只反现截止。在自然换相点各二极管换相导通或截止，整流电路输出波形如图 3.5b 所示。在每个周期内，每只二极管导通 1/3 周期，即导通角为 120°，极性始终上正下负，为脉动直流电压。

通过计算可得到负载电阻 R_L 上的平均电压为 $U_o=2.34U_2$ (3.1)

式中，U_o 为整流电路输出电压；U_2 为三相电网输入的相电压。因此，在工作过程中平均电压值不可控，即不可控整流。

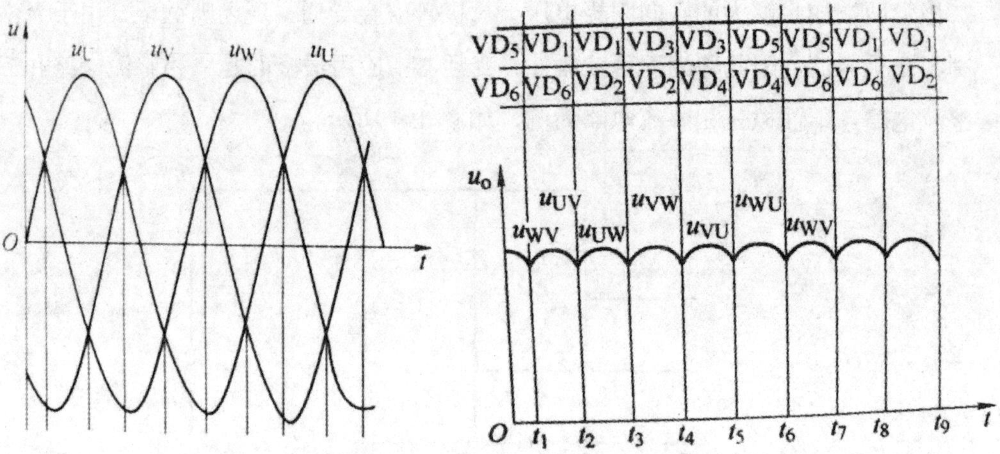

a)三相交流电压波形　　　b)输出电压波形

图 3.5 三相桥式不可控整流电路的电压波形

（2）可控整流电路

三相可控整流电路有三相半波可控整流电路，三相半控桥式整流电路，三相全控桥式整流电路。因为三相整流装置三相平衡，输出的直流电压和电流脉动小，对电网影响小，同时三相可控整流电路的控制量可以很大，输出电压脉动小，易滤波，控制滞后时间短，因此在工业中几乎都是采用三相可控整流电路。

由于三相半波可控整流电路在其变压器二次侧电流中含有直流分量，为此在应用中较少，所以采用三相桥式全控整流电路，可以有效地避免直流磁化作用。

将图 3.4 所示三相桥式不可控整流电路中的二极管换为晶闸管，就成为三相桥式全控整流电路，如图 3.6 所示。

可控整流电路的工作原理与不可控整流电路的工作原理相似。当晶闸管触发延迟角 $\alpha=0°$ 时，三相桥式全控整流电路的电压波形如图 3.7 所示。三相交流电源电压 U_u、U_v、U_w 正半波的自然换相点 1、3、5，负半波的自然换相点为 2、4、6。

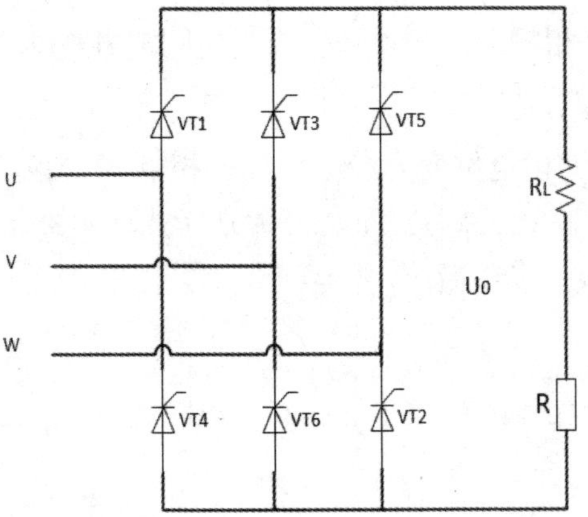

图 3.6 三相桥式全控整流电路

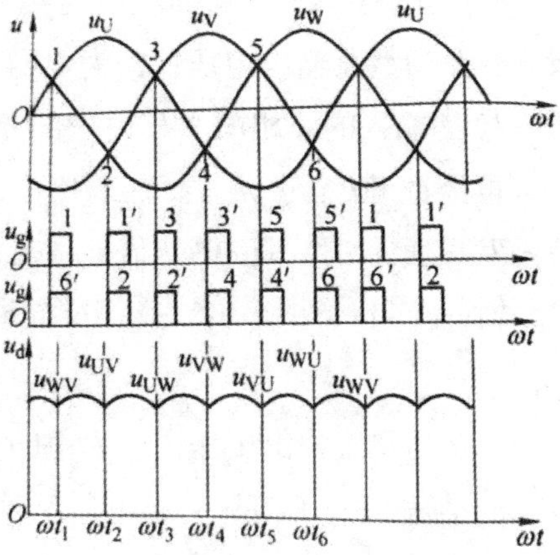

图 3.7 三相桥式全控整流电路的电压波形

由晶闸管的工作特性可知，当晶闸管阳极承受正向电压时，若在它们的门极和阴极间也加载正向触发电压，则晶闸管导通。在 $\alpha=0°$ 的情况下，让触发电路先后向各自控制的 6 只晶闸管的门极（对应自然换相点）送出触发脉冲，即在三相电源电压正半波的 1、3、5 点向共阴极组晶闸管 VT_1、VT_3、VT_5 输出触发脉冲，在三相电源电压负半波的 2、4、6 点向阳极组晶闸管 VT_2、VT_4、VT_6 输出触发脉冲，负载上所得到的整流输出电压 u_d 波形为由三相电源线电压 U_{uv}、U_{uw}、U_{vw}、U_{vu}、U_{wu} 和 U_{wv} 的正半波所组成的包络线，如图 3.7 所示。各线电压的交点处就是三相桥式全控整流电路 6 只晶闸管的换相点，也就是晶闸管触发延迟角 α 的起始点。

在 wt_1-wt_2 区间，U 相电位最高，V 相电位最低，此时共阴极组 VT_1 和共阳极组 VT_6 同时被触发导通。U 相电流为正，V 相电流为负，则电流由 U 相经 VT_1 流向负载，再 VT_6 由流向 V 相。在此区间内 VT_1 和 VT_6 工作，整流输出电压 U_d 为

$$U_d=U_u-U_v=U_{uv} \tag{3.2}$$

式中，U_d 为整流输出电压；U_u 为电网 U 相输入的相电压；U_v 为电网 V 相输入的相电压；U_{uv} 为输入的 U 相与 V 相电压的差值。

经过 60° 后进入 wt_2~wt_3 区间，U 相电位仍然最高，所以共阴极组 VT_1 继续导通，但是由于 W 相电位变得最低，在换相点 2 处，VT_6 关断，之后 VT_2 导通，在这一区间内负载电流继续从 U 相经 VT_1 流出，经负载、VTH_2 流回到 W 相绕组，这一区间的整流输出电压 U_d 为

$$U_d=U_u—U_w=U_{uw} \quad (3.3)$$

式中，U_d为整流输出电压；U_u为电网 U 相输入的相电压；U_w为电网 W 相输入的相电压；U_{uw}为输入的 U相与 W 相电压的差值。

再经过 60°后进入 $wt_3—wt_4$区间，V相电位变为最高，在换相点 3 处换相，VT_3被触发导通。W 相电位仍然最低，晶闸管 VT_2导通，负载电流从 V相绕组经 VT_3、负载、VT_2流回到W 相绕组。这一区间的整流输出电压 U_d为

$$U_d=U_v—U_w=U_{vw} \quad (3.4)$$

式中，U_d为整流输出电压；U_v为电网 V相输入的相电压；U_w为电网 W 相输入的相电压；U_{vw}为输入的 V相与 W 相电压的差值。

其余区间依此类推，并遵循以下规律：

（1）三相全控整流电路在任一时刻必须有两只晶闸管同时导通，才能形成负载电流，其中一只在共阳级组，另一只在共阴极组。

（2）整流输出电压 U_d的波形是由电源线电压 U_{uv}、U_{uw}、U_{vw}、U_{vu}、U_{wu}和 U_{wv}的正半波的包络线所组成的。晶闸管的导能顺序为：VT_6和 VT_1→ VT_1和 VT_2→ VT_2和 VT_3→ VT_3和 VT_4→ VT_4和 VT_5→ VT_5和 VT_6。

（3）一个周期（$\omega t=2\pi$）内，6 只晶闸管中每管导通 120°，每间隔 60°有一次换相。

由于当晶闸管阳极和阴极承受正向电压且门极和阴极两端加正向触发电压时晶闸管才能导通，所以晶闸管可控整流电路输出电压的平均值可随门极控制电压信号的变化连续可调，负载上平均电压 U_o为

$$U_o=2.34U_2=\cos\alpha \quad (3.5)$$

式中，U_2为输入相电压；$\cos\alpha$ 为晶闸管触发延迟角 α 的余弦值。可以看出可控整流电路输出电压的平均值可被晶闸管触发延迟角 α 调控。

3.1.2 中间电路

整流电路和逆变电路中间的连接电路为中间电路，电源的正负极导线称为母线。中间电路通常包含有滤波和制动电路。

（1）滤波电路

整流电路输出电压含有频率为电源频率 6 倍的纹波。如果将其直接供给逆变电

路，则逆变后的交流电压和电流纹波都很大。这不利于设备良好工作，为减少电压和电流的波动，必须进行滤波，这种电路称为滤波电路。

①电容滤波

电容滤波为无源滤波，滤波电容的作用简单讲是使滤波后输出的电压为稳定的直流电压，其工作原理是整流电压高于电容电压时电容充电，当整流电压低于电容电压时电容放电，在充放电的过程中，使输出电压基本稳定。电容滤波要求电容较大，一般采用电解电容，有时甚至需要把电容并联起来。这种情况下当电源接通时，电容中将流过较大的充电电流，有可能烧坏二极管，故必须采取相应限流措施，常见电路形式如图 3.8 所示，分别采取接入交流电抗、接入直流电抗、串联充电电阻的形式限制浪涌电流。

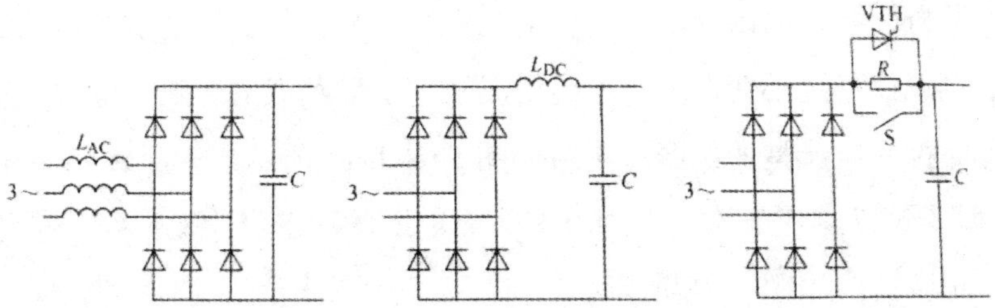

a)接入交流电抗　　b)接入直流电抗　　c)串联充电电阻

图 3.8 抑制浪涌电流的方式

采用大电容滤波后再送给逆变器，这样可使加于负载上的电压值不受负载变动的影响，基本保持恒定。该变频器电源类似于电压源，因而称为电压型变频器。电压型变频器的电路框图如图 3.9 所示。

电压型变频器逆变电压波形为方波，而电流的波形经电动机绕组感性负载滤波后接近于正弦波，如图 3.10 所示。

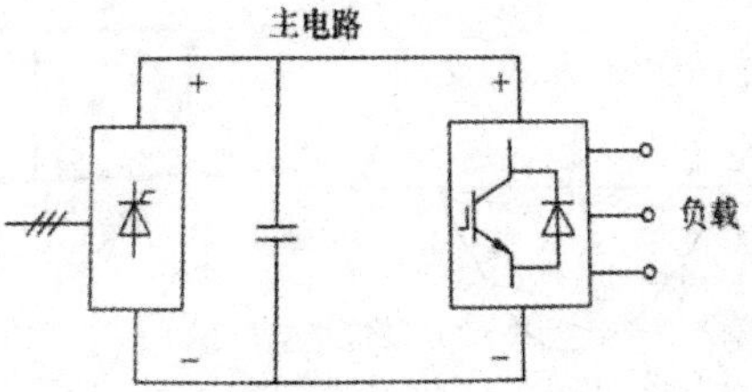

图 3.9 电压型变频器的电路框图

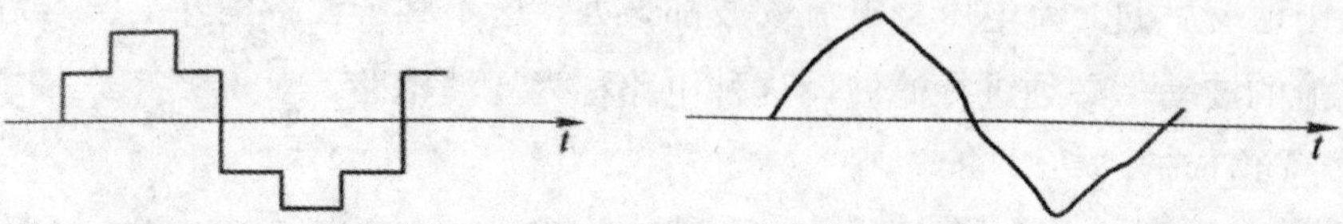

a) 电压波形　　b) 电流波形

图 3.10 电压型变频器的电压和电流波形

②电感滤波

采用大容量电感对整流电路输出电流进行滤波，称为电感滤波。电感器对直流阻抗小，对交流阻抗大，因此电感应与负载串联，采用电感滤波，当输入电压增高时，与负载串联的电感 L 中的电流增加，因此电感 L 将存储部分磁场能量，当电流减小时，又将能量释放出来，使负载电流变得平滑且稳定。由于经电感滤波后加在逆变器的电流值稳定不变，所以输出电流基本不受负载的影响，电源外特性类似电流源，因而称为电流型变频器。电路框图如图 3.11 所示。

电流型变频器逆变电流波形为方波，而电压的波形经电动机绕组感性负载滤波后接近于正弦波。如图 3.12 所示。

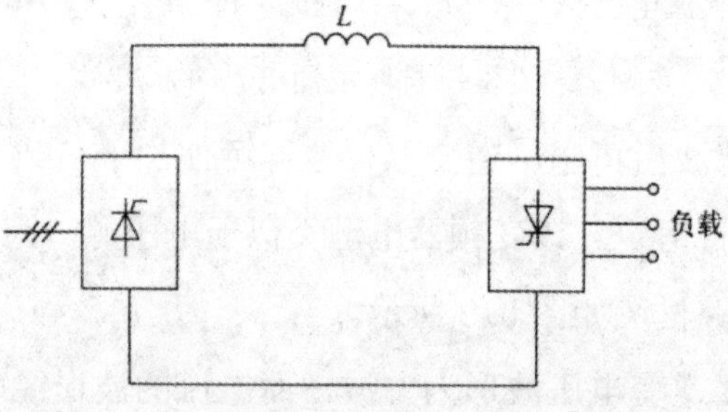

图 3.11 电流型变频器的电路框图

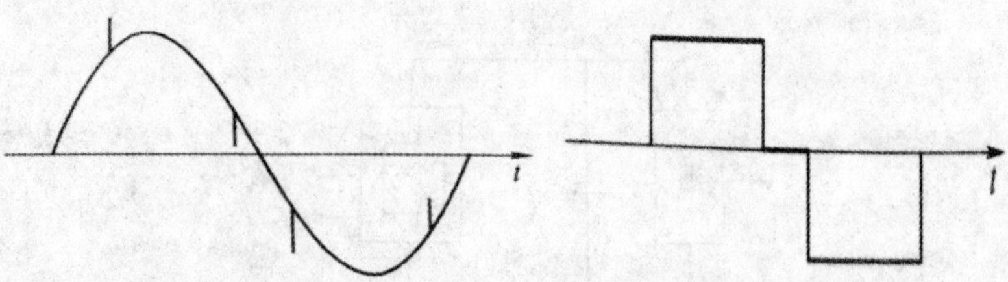

a) 电压波形　　b) 电流波形

图 3.12 电流型变频器输出电压及电流波形

（2）制动电路

在一些大惯性负载需要减速停车时，因机械系统的位能和势能作用，会使电动机的实际转速有可能超过变频器的给定转速，电机转子绕组中的感应电流的相位超前于感应电压，并由互感作用，使定子绕组中出现感应电流，进而产生感应电动势，电动机自励发电，此再生能量由变频器的逆变电路所并联的二极管整流，馈入变频器的直流回路，使直流回路的电压由 530V 左右上升到六七百伏，甚至更高，这种急剧上升的电压，有可能对变频器主电路的储能电容和逆变模块，造成较大的电压和电流冲击甚至损坏。因此制动单元与制动电阻常成为变频器的必备件或首选辅助件。

利用设置在直流回路中的制动电阻吸收电动机的再生电能的方式称为动力制动或再生制动。制动电路可由制动电阻或动力制动单元构成。图 3.13 为制动电路的原理图。制动电路介于整流器的逆变器之间，图中的制动单元包括晶体管 VTB、二极管 VDB 和制动电阻 RB。如果回馈能量较大或要求强制动，则还可以选用接于 H、G 两点上的外接制动电阻 REB。当电动机制动时，能量经逆变回馈到直流侧，使直流侧滤波电容上的电压升高，当该值超过设定值时，即自动给 VTB 基极施加信号，使之导通，将 RB 与电容并联，则存储于电容中的再生能量可经 RB 消耗掉。已选购动力制动单元的变频器，可以通过特定功能码进行设定。大多数变频器的软件中预置了这类功能。此外，图 3.13 中的 VTB、VDB，一般设置在变频器箱体内。新型 IPM 甚至将制动用 IGBT 集成在其中。制动电阻一般设置在柜外，无论是动力制动单元或是制动电阻，在订货时均需向厂家特别说明，它们是作为选购件提供给用户的。

还有一种直流制动方式，即异步电动机定子加直流的情况下，转动着的转子产生制动力矩，使电动机迅速停止。这种方式在变频调速中也有应用，在相关资料中称为“DC 制动，即由变频器输出直流的制动方式。当变频器向异步电动机的定子通直流电时，异步电动机便进入能耗制动状态。此时变频器的输出频率为零，异步电动机的定子产生静止的恒幅磁场，转动着的转子切割该磁场产生制动转矩。电动机存储的动能转换成电能消耗于异步电动机的转子电路中。直流制动方式主要用于：需要准确停车的控制；也常用于制动起动前电动机由外因引起的不规则自由旋转，如风机，由于风筒中的风压作用而自由旋转，甚至可能反转，起动时可能会产生过电流故障。

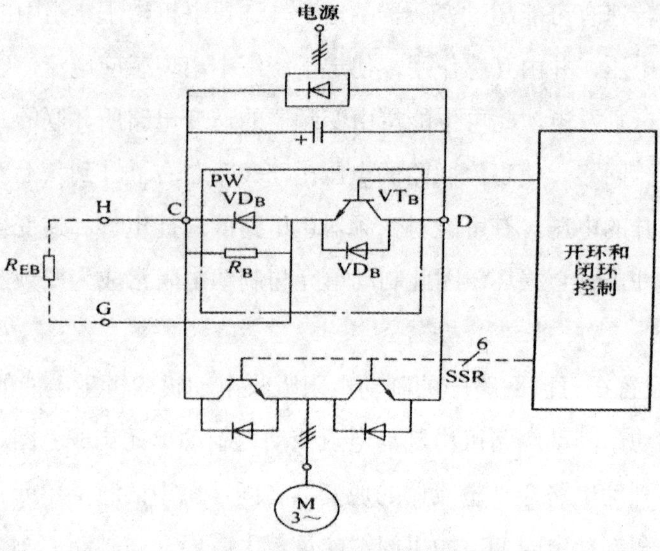

图 3.13 制动电路的原理图

3.1.3 逆变电路

（1）工作原理

逆变电路也简称为逆变器。图 3.14a 所示为单相桥式逆变电路，4 个桥臂由晶闸管构成，输入为直流电压 E，负载为电阻 R。当将晶闸管 VT_1、VT_4 闭合，VT_2、VT_3 断开时，电阻上得到左正右负的电压；间隔一段时间后将晶闸管 VT_1、VT_4 打开，VT_2、VT_3 闭合，电阻上得到右正左负的电压。我们以频率 F 交替切换 VT_1、VT_4 和 VT_2、VT_3，在电阻上就可以得到图 3.14b 所示的电压波形。显然这是一种交变的电压，随着电压的变化，电流也从一个支路转移到另外一个支路，通常将这一过程称为换相。

逆变电路常用的开关器件有：普通型和快速型晶闸管、门极可关断（GTO）晶闸管、电力晶体管（GTR）、功率 MOS 场效应晶体管（P—MOSFET）、绝缘栅双极型晶体管（IGBT）等。普通型和快速型晶闸管作为逆变电路的开关器件时，因其阳极与阴极两端加有正向直流电压，只在在它的门极加正的触发电压，晶闸管就可以导通。但晶闸管导通后门极就失支控制作用，要让它关断就困难了，故必须设置判断电路。如用全控器件，可以在器件的门极（或称为栅极、基极）加控制信号使其导通和判断，换相控制自然就简单多了。

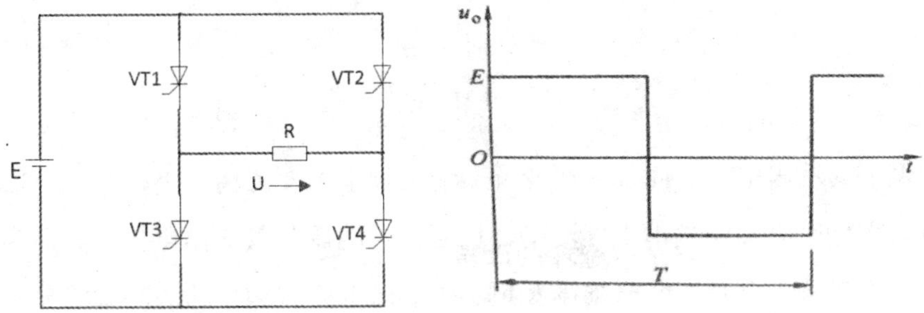

a) 单相桥式逆变电路　　b) 工作波形

图 3.14 单相桥式逆变电路及其工作波形

（2）全桥逆变电路

全桥逆变电路可看作 2 个半桥逆变电路的组合，其原理图如图 3.15a 所示。直流电压 U_d 接有大电容 C，使电源电压稳定。电路中有 4 个桥臂，桥臂 1、4 和桥臂 2、3 组成两对。工作时，设 t_2 时刻之前 VT_1、VT_4 导通，负载上的电压极性为左正右负，负载电流 io 由左向右。t_2 时刻给 VT_1、VT_4 加关断信号，给 VT_2、VT_3 加导通信号，则 VT_1、VT_4 关断，但感性负载中的电流 i_o 方向不能突变，于是 VD_2、VD_3 导通续流，负载两端电压的极性为右正左负。当 t_3 时刻 i_o 降到零时，VD_2、VD_3 截止，VT_2、VT_3 导通，i_o 开始反向。同样在 t_4 时刻给 VT_2、VT_3 加关断信号，给 VT_1、VT_4 加导通信号后，VT_2、VT_3 关断，i_o 方向不能突变，由 VD_1、VD_4 导通续流。t_5 时刻 i_o 降至零时，VD_1、VD_4 截止，VT_1、VT_4 导通，i_o 开始反向，如此反复循环，两对交替各导通 180°。其输出电压 u_o 和负载电流 i_o 如图 3.15b 所示。

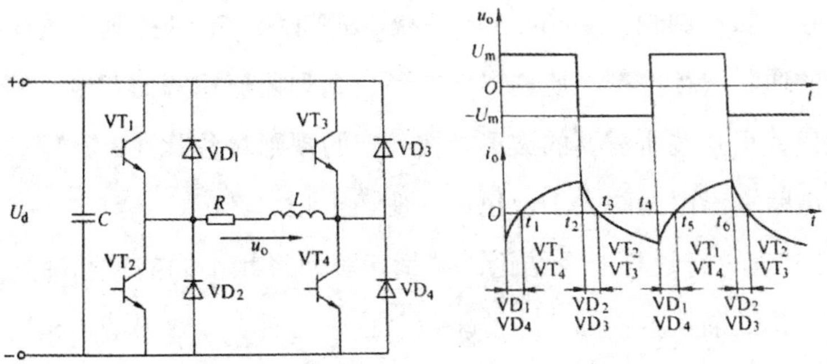

a) 全桥逆变电路　　b) 工作波形

图 3.15 全桥逆变电路及其工作波形

3.1.4SPWM 控制技术

（1）概述

在异步电动机恒转矩的变频调速系统中，随着变频器输出频率的变化，必须相应地调节其输出电压。此外，在变频器输出频率不变的情况下，为了补偿电网电压和负载变化所引起的输出电压波动，也应适当地调节其输出电压。具体实现调压和调频的方法有很多种，但一般按变频器的输出电压和频率的控制方法分为 PAM 和 PWM。

脉幅调制型变频（Pulse Amplitude Modulation，PAM），是一种通过改变电压源的电压 Ud 或电流源 Id 的幅值，进行输出控制的方式。它在逆变器部分只控制频率，在整流电路和中间电路部分控制输出的电压或电流。由于 PAM 存在一些固有的缺陷，目前变频器中已很少应用。

脉宽调制型变频（Pulse Width Modulation，PWM），是靠改变脉冲宽度来控制输出电压，通过改变调制周期来控制其输出频率。脉宽调制方法很多，以调制脉冲的极性分，可分为单极性调制和双极性调制两种；以载频信号与参考信号频率之间的关系分，可分为同步调制和异步调制两种。

（2）SPWM 控制的基本原理

全控型电力电子器件的出现，使得性能优越的脉宽调制(PWM)逆变电路应用日益广泛。这种电路的特点主要是：可以得到相当接近正弦波的输出电压和电流，所以也称为正弦波脉宽调制（Sinusoidal PWM，SPWM）。SPWM 控制方式就是对逆变电路开关器件的通断进行控制，使输出端得到一系列幅值相等而宽度不等的脉冲，用这些脉冲来代替正弦波所需要的波形。按一定的规则对各脉冲的宽度进行调制，既可改变逆变电路输出电压的大小，也可改变输出频率。

采样控制理论有这样一个结论：冲量相等而形状不同的窄脉冲加在具有惯性的环节上时，其效果基本相同。冲量即指窄脉冲的面积，效果基本相同是指环节的输出响应波形基本相同。例如图 3.16 的示的三种窄脉冲形状不同，但面积相同。当它们分别加在同一个惯性环节上时，其输出响应基本相同。且脉冲越窄，其输出差异越小。

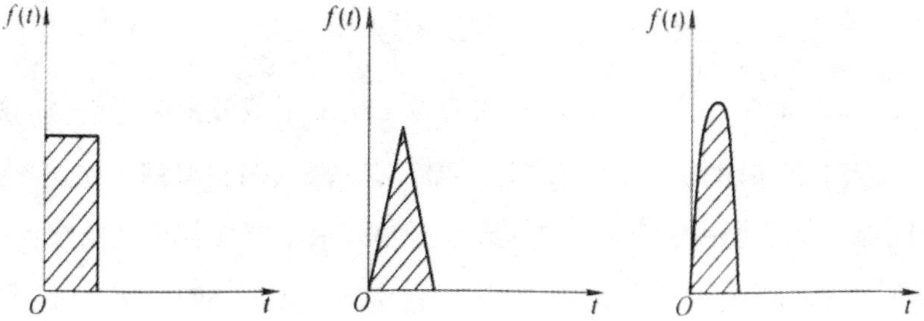

图 3.16 冲量相等的不同形式的窄脉冲

根据上述理论，分析一下正弦波如何用一系列等幅不等宽脉冲来代替。图 3.17a 所示是将一个正弦半波分成 n 等份，每一份可看作是一个脉冲，很显然这些脉冲宽度相等，都等于 π/n，但幅值不等，脉冲顶部为曲线，各脉冲幅值按正弦规律变化。若把上述脉冲序列用同样数量的等幅不等宽的矩形脉冲序列来代替，并使矩形脉冲的中点和相应正弦等分脉冲的中点重合，且使二者的面积相等，就可以得到图 3.17b 所示的脉冲序列，即 PWM 波形。可以看出，各脉冲的宽度是按正弦规律变化的。根据冲量效果相同的原理，PWM 波形和正弦半波是等效的。用同样的方法，也可以得到正弦负半周的 PWM 波形。完整的正弦波形用等效的 PWM 波形表示，称为 SPWM 波形。

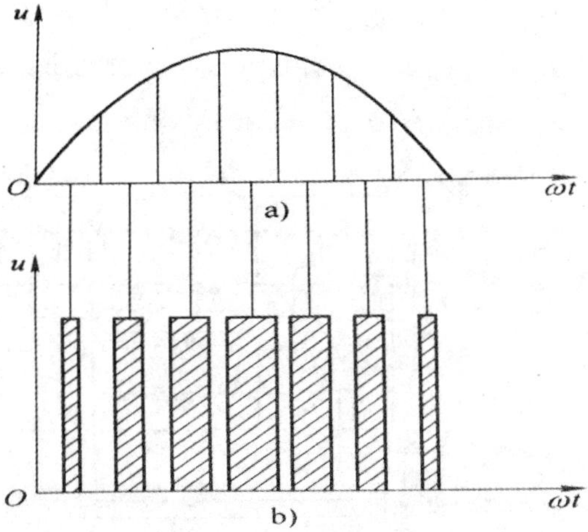

图 3.17 SPWM 原理示意图

因此，在给出了正弦波频率、幅值和半个周期内的脉冲数后，就可以准确地计算出 SPWM 波形各脉冲宽度和间隔。按照计算结果控制电路中各开关器件的通断，就可以得到所需要的 SPWM 波形。但这种计算非常烦锁，而且当正弦波的频率、幅值等变化时，结果还要变化。较为实用的方法是采用载波，即把希望的波形作为调制信号，把接受调制的信号作为载波，通过对载波的调制得到所期望的 PWM 波形。通常采用等腰三角波作为载波，因为等腰三角波上下宽度与高度成线性关系，且左右对称，当它与任务一个平缓变化的调制信号波相交时，如在交点时刻控制电路中开关器件的通断，就可以得到宽度正比于信号波幅值的脉冲，这正好符合 PWM 控制的要求。当调制信号波为正弦波时，所得到的就是 SPWM 波形。

图 3.18 为单相桥式 PWM 逆变电路，负载为电感性，功率晶体管作为开关器件，对功率晶体管的控制方法为：在正半周期，让晶体管 VT_2、VT_3 一直处于截至状态，而让 VT_1 一直保持导通，晶体管 VT_4 交替通断。当 VT_1 和 VT_4 都导通时，负载上所加的电压为直流电源电压 U_d。当 VT_1 导通而使 VT_4 关断时，由于电感性负载中的电流不能突变，负载电流将通过二极管 VD_3 续流，忽略晶体管和二极管的导通压降，负载上所加电压为零。如负载电流较大，那么直到使 VT_4 再一次导通之前，VD_3 一直持续导通。如负载电流较快地衰减到零，在 VT_4 再次导通之前，负载电压也一直为零。这样输出到负载上电压 U_o 就有零和 U_d 两种电平。同样在负半周期，让晶体管 VT_1、VT_4 一直处于截止，而让 VT_2 保持导通，VT_3 交替通断。当 VT_2、VT_3 都导通时，负载上加有 $-U_d$，当 VT_3 关断时，VD_4 续流，负载电压为零。因此在负载上可得到 $-U_d$ 和零两种电平。

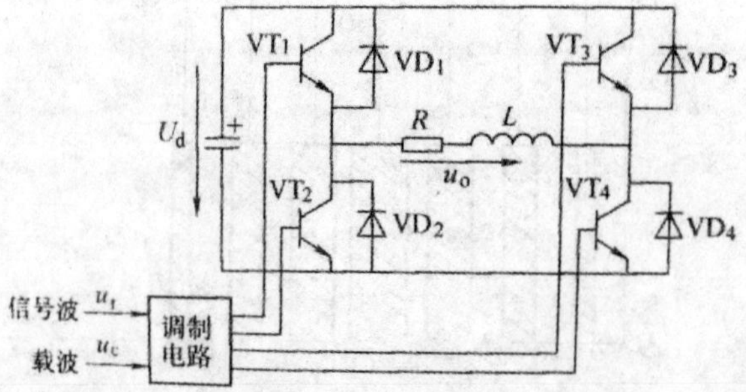

图 3.18 单相桥式 PWM 逆变电路

由以上分析可知，控制 VT_3 或 VT_4 的通断过程，就可使负载得到 SPWM 波形，控制方式通常有单极性方式和双极性方式。

（3）SPWM 逆变电路的控制方式

①单极性方式

单极性控制方式波形如图 3.19 所示，载波 u_c 在调制信号波 u_r 的正半周为正极性的三角波，在负半周为负极性的三角波。当调制信号为正弦波时，在 u_r 和 u_c 的交点时刻控制晶体管 VT_3 或 VT_4 的通断。具体为：在 u_r 的正半周，VT_1 保持导通，当 $u_r>u_c$ 时使 VT_4 导通，负载电压 $U_o=U_d$，当 $u_r<u_c$ 时使 VT_4 关断。$U_o=0$；在 u_r 的负半周，VT_1 关断，VT_2 保持导通，当 $u_r<u_c$ 时，使 VT_3 导通，$U_o=-U_d$，当 $u_r>u_c$ 时使 VT_3 关断，$U_o=0$。这样就得到了 SPWM 波形。图中虚线 U_of 表示 U_o 中的基波分量。像这种在 u_r 的正半周期中三角波载波只在一个方变化，所得到的 PWM 波形也只在一个方向变化的控制方式称为单极性 PWM 控制方式。

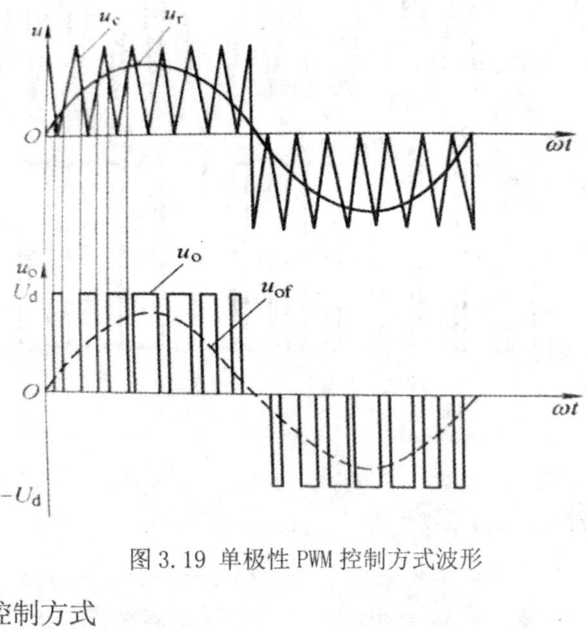

图 3.19 单极性 PWM 控制方式波形

②双极性控制方式

双极性控制方式波形如图 3.20 所示，在 u_r 的半个周期内，三角波载波是在正、负两个方向变化的，所得到的 PWM 波形也是在两个方向变化的。在 u_r 的一个周期内，输出的 PWM 波形只有 $\pm U_d$ 两种电平。仍然在调制信号 u_r 和载波信号 u_c 的交点时刻控制各开关器件的通断。在 u_r 的正、负半周，对各开关器件的控制规律相同。在 $u_r>u_c$ 时，给晶体管 VT_1、VT_4 以导通信号，给 VT_2、VT_3 以关断信号，输出电压 $U_o=U_d$。可以看出，同一半桥上、下两个桥臂晶体管的驱动信号极性相反，处于互补关断信号，给 VT_2、VT_3 以导通信号后，则 VT_1、VT_4 立即关断，因感性负载电流不能突变，VT_2、VT_3 并不能立即导通，这时二极管 VD_2 和 VD_3 导通续流。当感性负载电流较大时，直到下一次 VT_1 和 VT_4 重新导通时，负载电流方向始终未变，VD_2、VD_3 持续导通，而 VT_1 和 VT_3 始终未导通。当负载电流较小时，在负载电流下降到零之前，VD_2 和 VD_3 续流，之后 VT_2、VT_3 导通，负载电流反向。不论 VD_2、VD_3 导通或是 VT_2、VT_3 导通，负载电压都是—U_d。同样可以分析从 VT_2 和 VT_3 导通向 VT_1 和 VT_4 导通切换时，由于电感的作用产生 VD_1 和 VD_4 的续流情况。

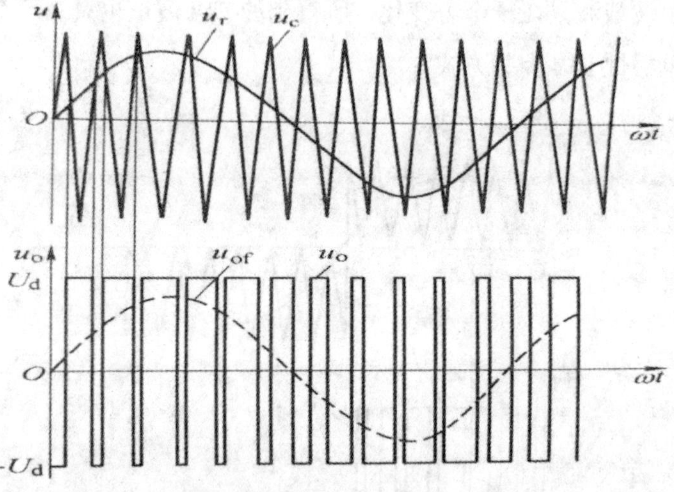

图 3.20 双极性 PWM 控制方式波形

3.2 交—交变频器的工作原理

交—交变频器是指无直流中间环节，直接把电网固定频率的恒压恒频交流电源变换成变压变频的交流电源的变频器。交—交变频器广泛用于大功率的三相异步电动机。交—交变频器因为是直接变换，没有中间环节，因此比一般的变频器效率要高，另外由于其交流输出电压直接由交流输入电压波的某些部分包络所构成，因而低频时输出波形较好，也广泛应用于同步电动机低速变频调速。

3.2.1 单相输出交—交变频电路

单相输出交—交变频器的电路结构与输出电压波形如图 3.21 所示。图中 a 的两个晶闸管代表两套变流装置，采用无环流反向并联的连接方式，即正组（P 组）和反组（N 组）交替工作。它只用一个变换环节就实现了变压和变频两项要求，即不需要中间环节，电源形式为交流—交流，因此称为交—交变频器。

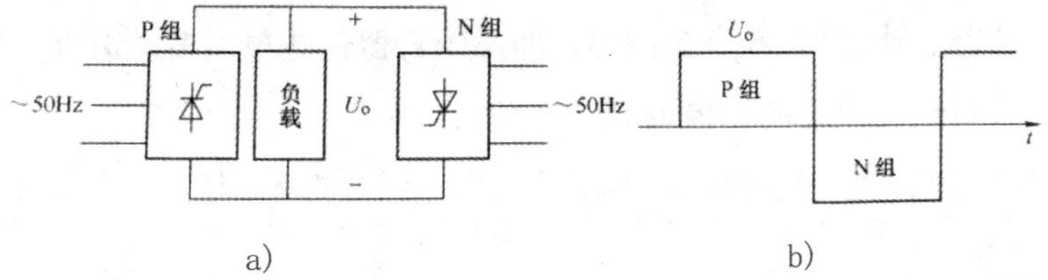

图 3.21 单相输出交—交变频器电路结构及输出电压波形

P 组和 N 组的晶闸管反向并联，都是相控整流电路。当正向组工作时，反向组关断，负载电压 U_o 为正。反向组工作时，正向组关断，U_o 为负。控制两组晶闸管按一定的频率交替工作，负载就得到该频率的交流电。改变两组晶闸管和切换频率，就可以改变输出交流电的输出频率。改变晶闸管延迟角 α，就可以改变交流输出电压的幅值。

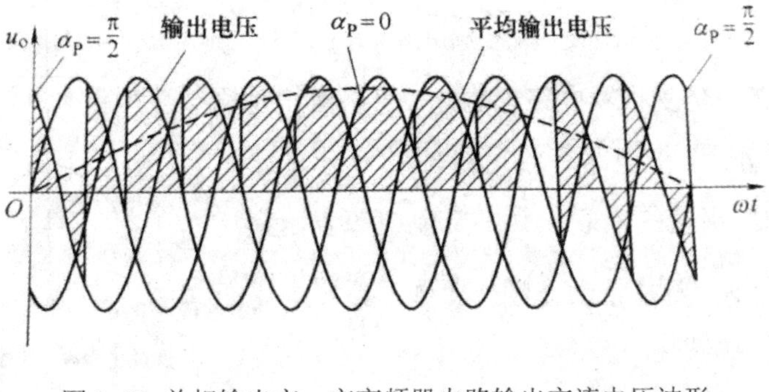

图 3.22 单相输出交—交变频器电路输出交流电压波形

为了使输出电压的波形接近正弦波，可以按正弦规律对控制角 α 进行调制。调制的方法是，在半个周期内让 P 组晶闸管触发延迟角 α 按正弦规律从 90°减到 0°

或某个值，然后再逐渐增加到 90°，每个控制间隔内的平均值输出电压就按正弦规律从零增至最高，再减到零，半个周期内电压波形如图 3.22 所示。另外半个周期可对 N 组进行同样的控制。

从图中可以看出输出电压 u_o 的波形并不是理想的正弦波，而是由若干段电源电压拼接而成。在输出电压的一个周期内，包含的电源电压段数越多，其波形就越接近正弦波。因此，实际应用中交—交变频器常采用 6 脉波的三相桥式电路或者 12 脉波的三相桥式电路。

对于三相负载，其他两相电路采用相似结构，相邻两相输出的电压相位差 120°。所以，变流装置共计使用 36 个晶闸管，即晶闸管器件数量增多，造价上升。

（1）感阻性负载时的相控调制

交—交变频器的负载可以是电阻性、感阻性或者容阻性负载。电动机属于感阻性负载。

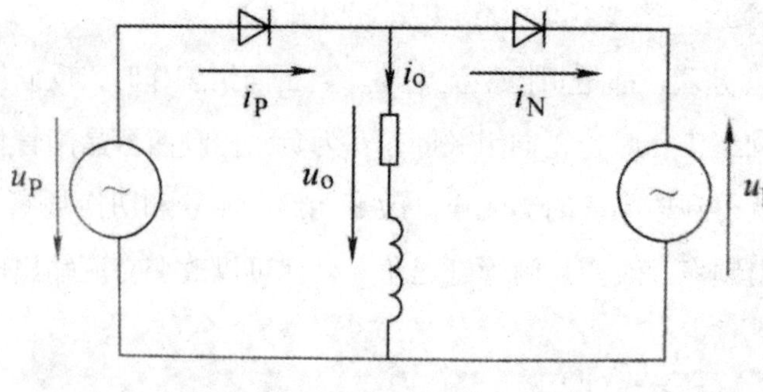

图 3.23 理想化交—交变频电路

如果把交—交变频器电路理想化，忽略换相时输出电压的脉动分量，把电路等效为图 3.23 所示的正弦波交流电源和二极管的串联。其中交流电源表示交流电路可输出交流正弦电压，二极管体现了交流电路只允许电流单方向流过。

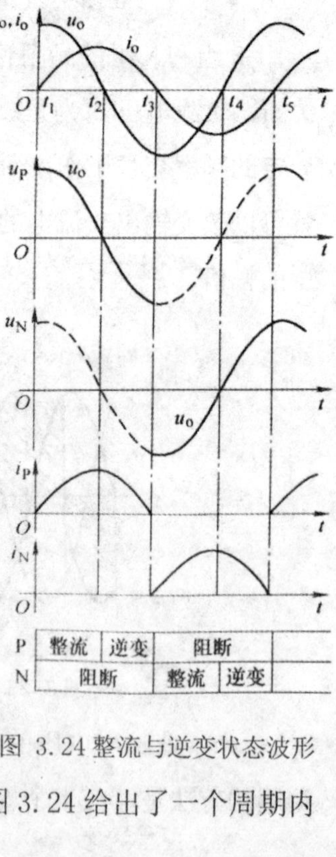

图 3.24 整流与逆变状态波形

假设负载阻抗角为 ψ，即输出电流滞后输出电压。图 3.24 给出了一个周期内负载电压、电流及正负两组交流电路的电压、电流波形。两组交流电路在工作时采取无环流工作方式，由于交流电路单向导电，在 t_1~t_3 期间的负载电流正半周期，只能是正组导电，负组电路阻断。在 t_1~t_2 阶段，输出电压和电流均为正，正组处于整流状态，输出功率。在 t_2~t_3 阶段，输出电压为负，电流仍然为正，正组处于逆变状态，输出功率为负。在 t_3~t_5 阶段，可采用类似方法分析。

综合以上分析，在感阻性负载情况下，在一个输出电压周期内，在 4 个状态。哪组电路工作由电流决定，工作在整流状态还是逆变状态取决于电压和电流方向是否一致。

图 3.25 是单相输出交—交变频电路输出电压和电流的波形，再加上无环流工作方式下负载电流过零的死区时间，一个周期内波形可分为 6 个阶段。图 3.24 整流与逆变状态波形

在输出电压和电流的相位差小于 90°时，一个周期内电网向负载提供能量的平均值为正，电机工作在电动状态；当二者的相位差大于 90°时，一个周期内电网向负载提供能量的平均值为负，电机工作在发电状态。

（2）输入输出特性

①输出上限频率　电路输出频率增高时，输出波形畸变严重，因此限制了输出频率的值。对常用的 6 脉波三相桥式电路而言，一般认为，输出上限频率不高于电网频率的 1/3~1/2。电网频率为 50Hz 时，交—交变频电路的输出上限频率约为 20Hz。

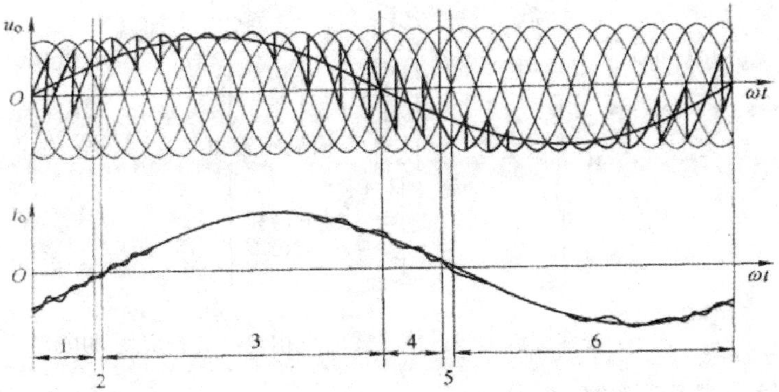

图 3.25 单相输出交—交变频电路输出电压和电流的波形

②输入功率因数　交—交变频电路采用的是相位控制方式，因此其输入电流的相位总是滞后于输出电压，需要电网提供无功功率。从图 3.22 可以看出，在输出电压的一个周期内，触发延迟角是以 90°为中心前后变化的。输出电压比越小，半周期内触发延迟角的平均值越靠近 90°，位移因数越低，另外，负载的功率因数越低，输入功率因数也越低。

3.2.2 三相输出交—交变频电路

三相输出交—交变频电路主要应用于大功率交流电动机调速系统。三相输出交—交变频电路是由三组输出电压相位各差 120°的单相输出交—交变频电路组成的，所以其控制原理与单相输出交—交变频电路相同。下面简单介绍一下三相输出交—交变频电路接线方式。

（1）公共交流母线进线方式

公共交流母线进线方式的三相输出交—交变频电路如图 3.26 所示。电路由三组独立的单相输出交—交变频电路构成，输出电压相位错开 120°，电源进线接在公共的交流母线上，输出端要求相互隔离。为此要把电动机三相绕组首尾端都引了，共 6 根线。

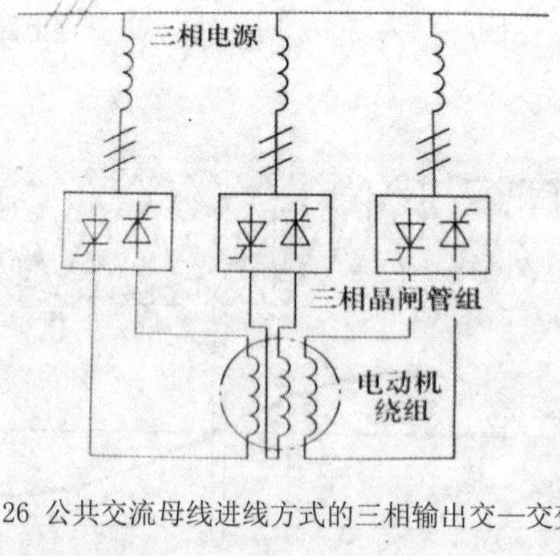

图 3.26 公共交流母线进线方式的三相输出交—交变频电路图

（2）输出星形联结方式

输出星形联结方式的三相输出交—交变频电路如图 3.27 所示。三组单相输出交—交变频电路的输出端采用星形联结方式，电动机三相绕组也采用星形联结方式。若电动机和变频器的中性点接在一起，电动机要引出 6 根线。由于三组单相输出交—交变频电路的输出端星形联结在一起，三组单相输出交—交变频电路的输入端必须隔离，需要用三个变压器供电。

若电动机和变频器的中性点不接在一起，电动机只要引出 3 根线即可。由于电动机和变频器的中性点不接在一起，所以在三相变频电路的 6 组桥式电路中，至少有不同输出相的两组桥中的 4 个晶闸管同时导通才能构成回路，和整流电路一样，同一组桥内的两个晶闸靠双触发脉冲保证同时导通。而两组桥之间则靠各自的触发脉冲有足够的宽度保证同时导通。

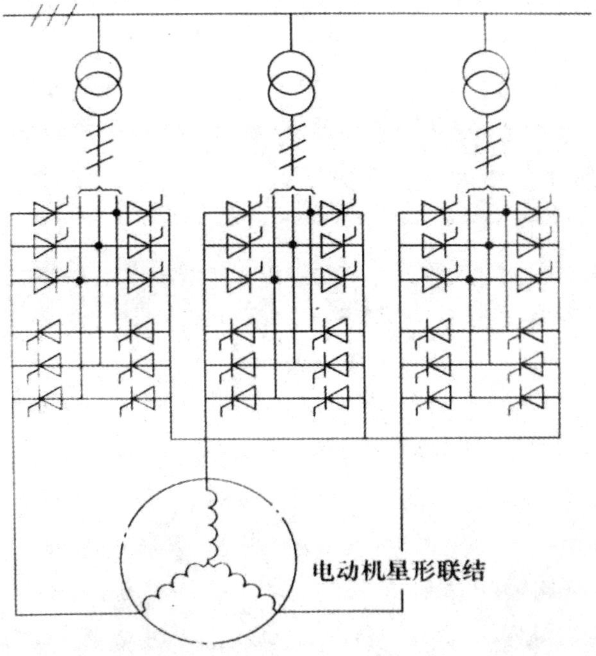

图 3.27 输出星形联结方式的三相输出交—交变频电路图

交—交变频电路有以下特点：

① 因为是直接变换，没有中间环节，所以比般的变频器效率要高。

② 由于其交流输出电压是直接由交流输入电压波的某些部分包络构成，因而其输出频率输入交流电源的频率低得多，输出波形较好。

③ 由于变频电路按电网电压过零自然换相，故可采用普通晶闸管。

④ 由于输出上限频率不高于电网频率的 1/3~1/2，受电网频率限制，通常输出电压的频率较低。

⑤ 交—交变频电路采用的是相位控制方式，因此其输入电流的相位总是滞后于输入电压，需要电网提供无功功率，功率因数较低，特别是在低速运行时更低，需要适当补偿。

交—交变频电路的优点：只有一次交流—交流转换，效率较高；可方便地使电机实现四象限工作；低频输出波形接近正弦波。

交—交变频电路的缺点：接线复杂，三相桥式变频电路需要 36 个晶闸管；受电网频率和交流电路脉冲波数的限制，输出频率较低；输入功率因数低；输入电流谐波含量大，频谱复杂。

第四章 西门子 MM440 型变频器

MICROMASTER 440 是用于控制三相交流电动机速度的变频器系列。本系列有多种型号，额定功率范围从 120W 到 200kW（恒定转矩（CT）控制方式），或者可达 250 kW（可变转 矩（VT）控制方式），供用户选用。

本变频器由微处理器控制，并采用具有现代先进技术水平的绝缘栅双极型晶体管（IGBT）作为功率输出器件。因此，它们具有很高的运行可靠性和功能的多样性。其脉冲宽度 调制的开关频率是可选的，因而降低了电动机运行的噪声。全面而完善的保护功能为变频器和电动机提供了良好的保护。

MICROMASTER 440 具有缺省的工厂设置参数，它是给数量众多的简单的电动机控制 系统供电的理想变频驱动装置。由于 MICROMASTER 440 具有全面而完善的控制功能，在设置相关参数以后，它也可用于更高级的电动机控制系统。

MICROMASTER 440 既可用于单独驱动系统，也可集成到‘自动化系统’中。

4.1 MM440 变频器的特点

4.1.1MM440 变频器的主要特性

（1） 易于安装，参数设置和调试；

（2）易于调试；

（3）牢固的 EMC 设计；

（4）可由 IT（中性点不接地）电源供电；

（5）对控制信号的响应是快速和可重复的；

（6）参数设置的范围很广，确保它可对广泛的应用对象进行配置；

（7）电缆连接简便；

（8）具有多个继电器输出；

（9）具有多个模拟量输出（0~20mA）；

（10）6 个带隔离的数字输入，并可切换为 NPN/PNP 接线；

（11）2 个模拟输入：AIN1：0~10V，0~20mA 和-10 至+10V

AIN2：0~10V，0~20mA；

（12）2 个模拟输入可以作为第 7 和第 8 个数字输入；

（13）BiCo(二进制互联连接)技术；

（14）模块化设计，配置非常灵活；

（15）脉宽调制的频率高，因而电动机运行的噪音低；

（16）详细的变频器状态信息和全面的信息功能；

（17）有多种可选件供用户选用：用于与 PC 通讯的通讯模块，基本操作面板(BOP)，高级操作面板(AOP)，用于进行现场总线通讯的 PROFIBUS 通讯模块；

4.1.2MM440 变频器的性能特征

（1）矢量控制：无传感器矢量控制(SLVC) 带编码器的矢量控制(VC)；

（2）V/f 控制：磁通电流控制 (FCC)，改善了动态响应和电动机的控制特性；多点 V/f 特性；

（3）快速电流限制 (FCL)功能，避免运行中不应有的跳闸；

（4）内置的直流注入制动；

（5）复合制动功能改善了制动特性；

（6）内置的制动单元(仅限外形尺寸为 A 至 F 的 MM440 变频器)；

（7）加速/减速斜坡特性具有可编程的平滑功能；起始和结束段带平滑圆弧；起始和结束段不带平滑圆弧；

（8）具有比例，积分和微分（PID）控制功能的闭环控制；

（9）各组参数的设定值可以相互切换；电动机数据组(DDS)；命令数据组和设定值信号源(CDS)；

（10）自由功能块；

（11）动力制动的缓冲功能；

（12）定位控制的斜坡下降曲线；

4.1.3MM440 变频器的保护特性

（1）过电压 / 欠电压保护变频器过热保护

（2）接地故障保护短路保护

（3）I2t 电动机过热保护

（4）PTC/KTY 电动机保护

4.2 MM440 变频器的安装

4.2.1 安装变频器对环境条件的要求

变频器的安装环境、安装方式、安装中主电路和控制回路的接线要求以及防雷保护等各环节及注意事项，这些安装细节是确保变频器安全和可靠运行的基本条件和必要措施，直接关系着变频器及系统运行安全和系统的可靠性。

变频器只有安装在规定的环境条件下才能正常地、安全可靠地工作，如果环境条件不能满足其工作要求，就应采取相应的措施，改善其工作环境，使变频器能够安全可靠地正常工作。变频器运行的环境温度和变频器允许输出电流的关系如图 4.1 所示。

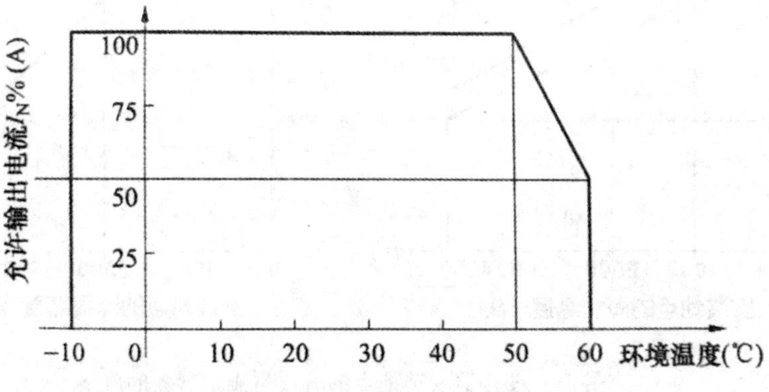

图 4.1 变频器运行环境温度与允许输出电流的关系

一般变频器的工作运行环境规定如下。

（1）环境温度

变频器与其他电子设备一样，对周围环境温度有一定的要求，一般为

-10°~+50℃。由于变频器内部是大功率的电子器件，极易受到工作温度的影响，但为了保证变频器工作的安全性和可靠性，使用时应考虑留有余地，最好控制在40℃以内。40°~50℃之间降额使用，每升高1℃，额定输出电流减少1%。如环境温度太高且温度变化大，变频器的绝缘性会大大降低，影响变频器的寿命。

（2）相对湿度

变频器对环境湿度有一定的要求，变频器的周围空气相对湿度20%~90%，不结露、无冰冻，根据现场工作环境必要时须在变频框中加放干燥剂和加热器。

（3）周围空气

变频器的周围空气中应无粉尘、无腐蚀性气体、无可燃气体或油雾，不受日光直晒。

（4）海拔

变频器的海拔在1000m以下。海拔过高时，气压下降，容易破坏电气绝缘，在1500m时，耐压降低5%；3000m时耐压降低20%。另外，海拔超高，额定电流值将减小，海拔为4000m时，输出电流为1000m时的40%；1500m时减小为99%；3000m时减小为96%。从1000m开始，每超过100m允许温度就下降1%。变频器安装地点的海拔与额定参数的降格如图4.2所示。

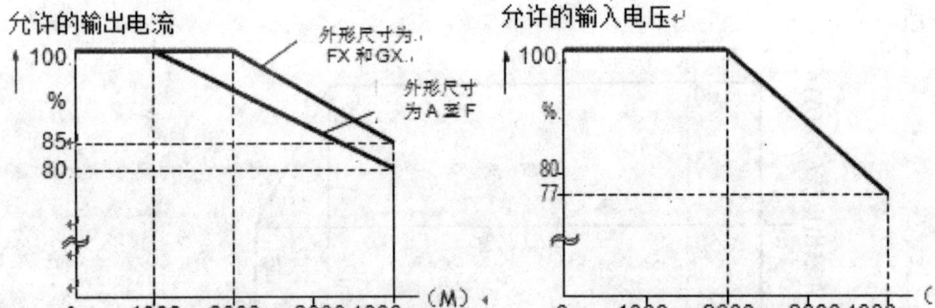

图4.2 变频器安装地点的海拔与额定参数的降格

（5）振动

变频器在运行过程中，要注意避免受到振动和冲击。变频器的振动加速度G应小于0.6g。变频器是由很多元器件通过焊接、螺钉连接等方式组装而成。当变频器或装变频器的控制柜受到机械振动或冲击时，会使变频器焊点、螺钉等连接器件或连接头松动或脱落，继电器、接触器等器件误动作，引起电气接触不良甚至造成期间短路等严重故障。如果在振动加速度超过允许值处安装变频器，应采取防范措施，如加装隔离器，采用防震橡胶垫等。因此，变频器运行中除了提高控制柜的机械强度、远离振动源和冲击源外，还应在控制柜外加装抗震橡皮垫片，在控制柜内的器件和安装板之间加装缓冲橡胶垫，减振。一般在设备运行一段时间后，应对控制柜进行检查和维护。

① 电磁辐射

变频器的电磁辐射不允许将变频器安装在电磁辐射源附近。变频器的电气主体是功率模块及其控制系统的硬软件电路，这些元器件和软件程序受到一定的电磁干扰时，会发生硬件电路失灵、软件程序乱飞等造成运行事故。为了避免电磁干扰，变频器应根据所处的电气环境，采取有效防止电磁干扰的措施，具体如下：

- 输入电源线、输出电机线、控制线应尽量远离
- ②容易受影响的设备和信号线，应尽量远离变频器安装。
- ③关键的信号线应使用屏蔽电缆，建议屏蔽层采用 360°接地法接地。

② 防止输入端过电压

变频器的主电路是由电力电子器件构成，这些器件对过电压十分敏感，变频器输入端过电压会造成主元件的永久损坏。例如有些工厂自备发电机供电，电压波动会比较大，所以对变频器的输入端过电压应有防范措施。

4.2.2 机械安装

（1）MM440 变频器的固定

MM440 变频器有 8 种不同尺寸的变频器（A、B、C、D、E、F、FX、GX），这 8 种变频器都可以在安装面上钻孔，利用螺钉固定在安装面上。外观尺寸 A~F 变频器的安装钻孔如图 4.3 所示。另外，外形尺寸 A 的变频器还可以安装在固定在安装面上的导轨上。MM440 变频器的外形尺寸和螺钉扭矩关系见表 4.1。

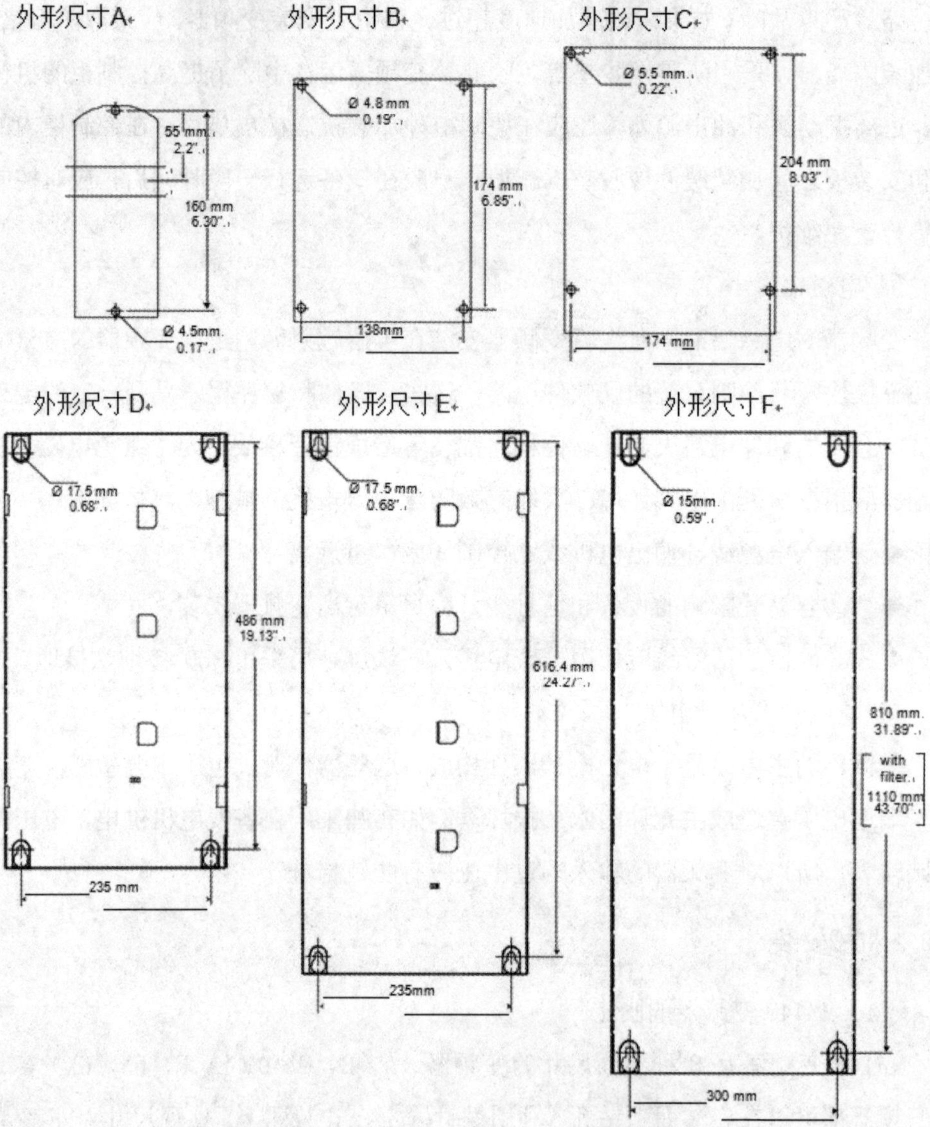

图 4.3 MM440（A~F）变频器安装钻孔图

表 4.1 MM440（A~GX）变频器的外形尺寸和螺钉坚固扭矩

类型	宽×高×深（mm × mm × mm ）	固定方法	螺丝紧固扭矩
A	73 x 173 x 149	2M4 螺栓 4M4 螺母 4M4 垫圈或固定在导轨上	2.5 Nm 带安装固定垫圈
B	149 x 202 x 172	4M4 螺栓 4M4 螺母 4M4 垫圈	2.5 Nm 带安装固定垫圈
C	185 x 245 x 195	4M5 螺栓 4M5 螺母 4M5 垫圈	2.5 Nm 带安装固定垫圈
D	275 x 520 x 245	4M8 螺栓 4M8 螺母 4M8 垫圈	3.0 Nm 带安装固定垫圈
E	275 x 650 x 245	4M8 螺栓 4M8 螺母 4M8 垫圈	3.0 Nm 带安装固定垫圈
F	350 x 850 mm x 320 带滤波器时高为 1150	4M8 螺栓 4M8 螺母 4M8 垫圈	3.0 Nm 带安装固定垫圈
FX	330 x 1555 x 360	4M8 螺栓 4M8 螺母 4M8 垫圈	13 Nm +30 % 带安装固定垫圈
GX	330 x 1875 x 560	4M8 螺栓 4M8 螺母 4M8 垫圈	13 Nm +30 % 带安装固定垫圈

图 4.4 所示为 MM440 A 型尺寸变频器的安装拆卸图，变频器的安装与拆卸的方法如下。

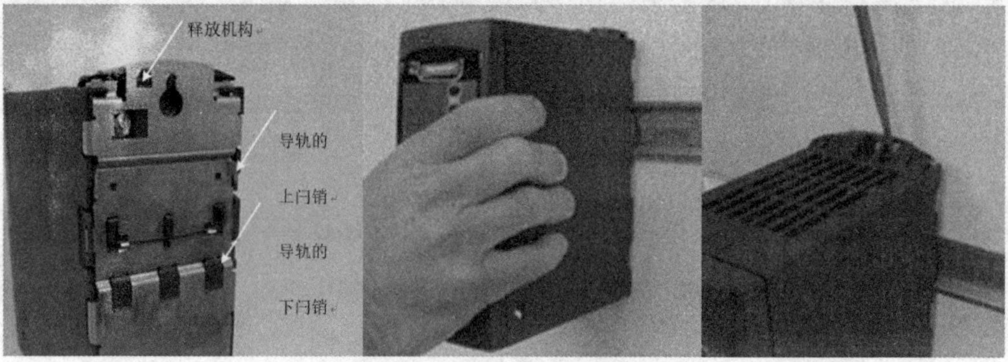

图 4.4 MM440（A）变频器的安装与拆卸

安装

② 用导轨的上闩销把变频器固定到导轨的安装位置上。

② 向导轨上按压变频器，直到导轨的下闩销嵌入到位。

拆卸

② 为了松开变频器的释放机构，将螺钉刀插入释放机构中。

② 向下施加压力，导轨的下闩销就会松开。

③ 将变频器从导轨上取下。

（2）变频器安装方式

变频器在运行过程中有功率损耗，并转换为热能，使自身的温度升高。粗略地说，每 1kVA 的变频器容量，其损耗功率为 40~50W。因此，安装变频器时要考虑变频器散热问题，要考虑如何把变频器运行时产生的热量充分地散发出去，因此要讲究安装方式。

① 壁挂式安装

变频器的外壳设计比较牢固，一般情况下，允许直接安装在墙壁上，称为壁挂式。为了保证通风良好，所有变频器都必须垂直安装，变频器与周围物体之间的距离应满足下列条件，如图 4.5 所示，左右两侧各留大于 100mm 的空间，上下大于 150mm，而且为了防止杂物掉进变频器的风风口阻塞风道，在变频器出风口的上方最好安装挡板。

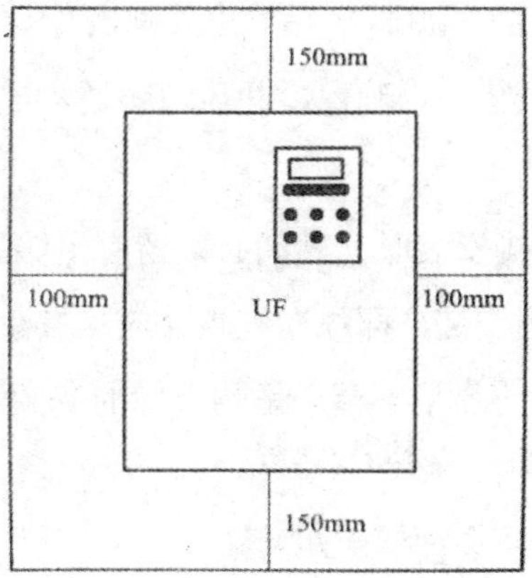

图 4.5 变频器的壁挂式安装

② 柜式安装方式

当现场的灰尘过多、湿度比较大或变频器外围配件比较我，且需要和变频器安装在一起时，可以采用柜式安装。变频器柜式安装是目前最好的安装方式，可以起到很好的屏蔽辐射干扰，同时也能起到防灰尘、防潮湿、防光照等作用。柜式安装方式的注意事项如下：

单台变频器采用柜内冷却方式时，变频器顶端应安装抽风式冷却风扇，并尽量装在变频器的正上方（这样便于空气流通）。

多台变频器安装应尽量并列安装，如必须采用纵向方式安装，应在两台变频器间加装隔板。

③ 变频器安装柜的尺寸

变频器安装柜有开启式机柜、封闭式机柜和密封式机柜三种。密封式机柜又分自然式通风和采用风扇强迫通风等。为保证变频器的安全可靠地运行，机柜温度应不超过50℃。开启式机柜的保护级别为IP00，封闭式机柜的保护级别为IP20和IP40，密封式机柜的保护级别为IP54、IP65。

（3）安装变频器的注意事项

在安装变频器时，应注意以下要求：

① 变频器工作时，其散热片的温度可达 90℃，因此安装底板必须为耐热材料。

由于变频器内部热量是从上部排除，安装时不可安装在木板等易燃材料的下方。

② 对于采用强迫风冷的变频器，为防止外部灰尘吸入，应在吸入口设置空气过滤器。在门扉部设置屏蔽垫。为确保冷却风道畅通，电缆配线槽不要堵住机壳上的散热孔。

③ 多台变频器邻近并排安装时，其间必须留有足够的距离（不小于 50cm）。若几台变频器上下垂直布置安装，即纵向配置（应尽量避免），相互间必须至少相距 100mm，并且为了使下部的热量不至于影响上部的变频器，变频器之间应加隔板，并采用抽风风扇排热。

④ 安装时要避免变频器受到冲击和跌落。

⑤ 变频器不能安装在有可燃气体、爆炸气体、爆炸物的危险场所。

⑥ 变频器应安装在电器柜中或其他防尘、防潮、防腐、防止液体喷溅和滴落的空间内。

⑦ 变频器必须可靠接地。

4.2.3 电气安装

（1）对变频器的供电电源的要求

对变频器的供电电源有如下要求：

①交流输入电源。电压持续波动不超过±10%，短暂波动不超过—10%~+15%；频率波动不超过±2%，频率的变化速度每秒不超过±1%；三相电源的负序分量不超过正序分量的 5%。

②直流输入电源。电压波动范围为额定值的—7.5%~+5%，蓄电池组供电时的电压波动范围为额定值的±15%，直流电压纹波不超过额定电压值的 15%。

（2）进行电气连接时的注意事项

①不要用高压绝缘测试设备测试与变频器连接的电缆的绝缘。

②即使变频器不处于运行状态，其电源输入线、直流回路端子和电动机端子上仍然可能带有危险电压。因此，断开开关以后还必须等待 5min，保证变频器放电完毕，再开始安装工作。

③变频器的控制电缆、电源电缆与电动机连接电缆的走线必须相互隔离。不要把它们放在同一个电缆线槽中或电缆架上。

④变频器可以在供电电源的中性点不接地的情况下运行，而且，当输入线中有一相接地短路时仍可继续运行。如果输出有一相接地，MM440 将跳闸，并显示故障码 F0001。

⑤电源（中性点）不接地时需要从变频器中拆掉 Y 型接线的电容器，并安装一台输出电抗器。

⑥在连接变频器或改变变频器接线之前，必须断开电源。

⑦确信电动机与电源电压的匹配是正确的。

⑧连接同步电动机或并联几台电动机时，变频器必须在 U/f 控制特性下运行。

⑨电源电缆和电动机电缆与变频器相应的接线端子连接好以后，在接通电源时必须确信变频器的盖子已经盖好。

⑩电源输入端子通过线路保护用断路器或带漏电保护的断路器连接到三相交流电源。特别注意的是，三相交流电源绝对不能直接接到变频器的输出端子，否则将导致变频器内部器件损坏。

⑪直流电抗器连接端子接改善功率因数用的直流电抗器，端子上连接有短路导体，使用直流电抗器时，先要取出此短路导体。

⑫制动单元连接端子[P（+）、PB]。一般厂家小功率变频器内置制动电阻；中、大功率制动电阻外置。

⑬直流电源输入端子[P（+）、N（-）]。外置制动单元的直流输入端子，分别为直流母线的正负极。

⑭接地端子（PE）。变频器会产生漏电流，载波频率越大，漏电流越大。变频器整机的漏电流大于 3.5mA，漏电流的大小由使用条件决定，为保证安全，变频器和电机必须接地。接地电阻应小于 10Ω。接地电缆的线径要求，应根据变频器功率的大小而定。切勿与焊接机及其他动力设备共用接地线。

（3）变频器与电动机的连接

①电源和电动机端子的接线和拆卸

卸下变频器的操作面板，拆除变频器的前端盖板，就会露出变频器的接线端子，其下部的端子就是与电源和电动机连接的端子，如图 4.6 所示。

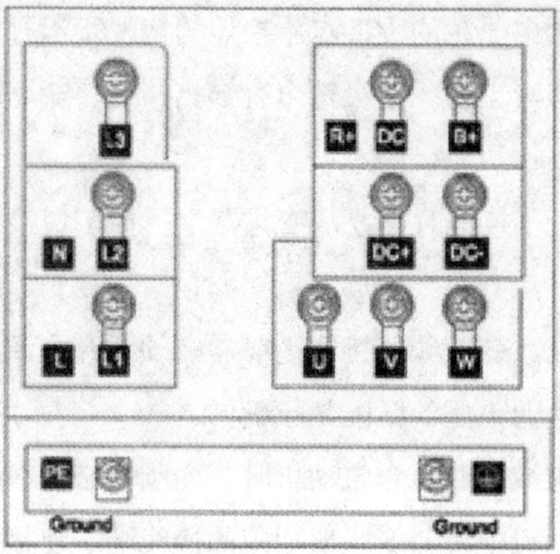

图 4.6 变频器与电源、电动机连接的端子

②变频器与电动机的连接

电源和电动机的接线可以按照图 4.7 所示的方法进行连接，供电电源可以是单向交流，也可是三相。

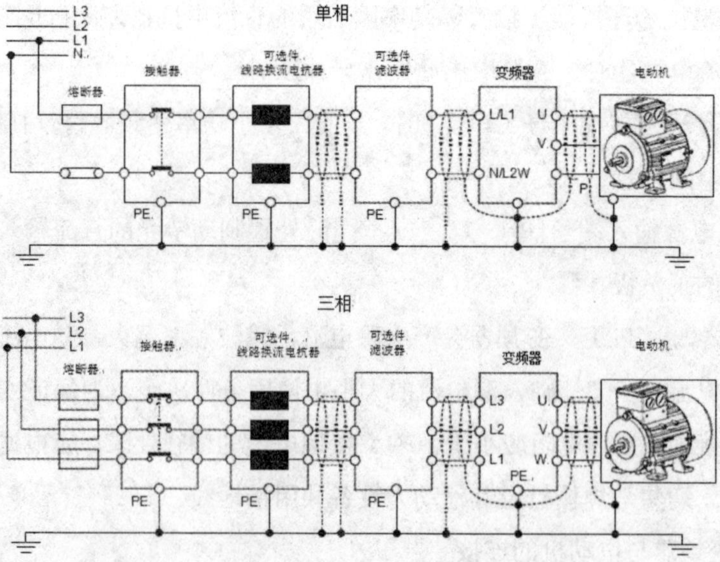

图 4.7 变频器连接电源与电动机的接线图

（4）控制回路的接线注意事项如下。

①控制线截面积要求：单股导线不小于 1.5；多股导线不小于 1.0mm^2；弱电回路不小于 0.5mm^2；电流回路不小于 2.5mm^2；保护接地线不小于 2.5mm^2。

②控制线与主回路电缆铺设。变频器控制线与主回路电缆或其他电力电缆分开铺设，且尽量远离主电路 100mm 以上；尽量不与主电路电缆平行铺设，不与主电路交叉，必须交叉时，应采取垂直交叉的方法。

③电缆的屏蔽。变频器电缆的屏蔽可利用已接地的金属管或者带屏蔽的电缆。屏蔽层一端变频器控制电路的公共端（COM），但不要接到变频器地端（E），屏蔽层另一端悬空。

④开关量控制线。变频器开关量控制线允许不使用屏蔽线，但同一信号的两根线必须互相绞在一起，绞合线的绞合间距应尽可能小。并将屏蔽层接在变频器的接地端上，信号线电缆最长不得超过 50m。

⑤控制回路的接地。弱电压电流回路的电线取一点接地，接地线工作为传送信号的电路使用；电线的接地在变频器侧进行，使用专设的接地端子，不与其他的接地端子共用。

（5）电磁干扰（EMI）的防护

变频器的设计允许它在具有很强电磁干扰的工业环境下运行。通常，如果安装的质量良好，就可以确保安全和无故障的运行。如果您在运行中遇到问题，请按下面指出的措施进行处理。

①确信机柜内的所有设备都已用短而粗的接地电缆可靠地连接到公共的星形接地点或公共的接地母线。

②确信与变频器连接的任何控制设备(例如 PLC)也像变频器一样，用短而粗的接地电缆连接到同一个接地网或星形接地点。

③由电动机返回的接地线直接连接到控制该电动机的变频器的接地端子（PE）上。

④接触器的触头最好是扁平的，因为它们在高频时阻抗较低。

⑤截断电缆的端头时应尽可能整齐，保证未经屏蔽的线段尽可能短。

⑥控制电缆的布线应尽可能远离供电电源线，使用单独的走线槽；在必须与电源线交叉时，相互应采取 90° 直角交叉。

⑦无论何时，与控制回路的连接线都应采用屏蔽电缆。

⑧确信机柜内安装的接触器应是带阻尼的，即是说，在交流接触器的线圈上连接有 R—C 阻尼回路；在直流接触器的线圈上连接有‘续流’二极管。安装压敏电阻对抑制过电压也是有效的。当接触器由变频器的继电器进行控制时，这一点尤其重要。

⑨接到电动机的连接线应采用屏蔽的或带有铠甲的电缆，并用电缆接线卡子将屏蔽层的两端接地。

（6）屏蔽的方法

①有密封盖。密封盖板组合件是作为可选件供货的。该组合件便于屏蔽层的连接。

②无密封盖时屏蔽层的接线。如果没有密封盖，变频器可以用图 4.8 所示的方法连接电缆的屏蔽层。

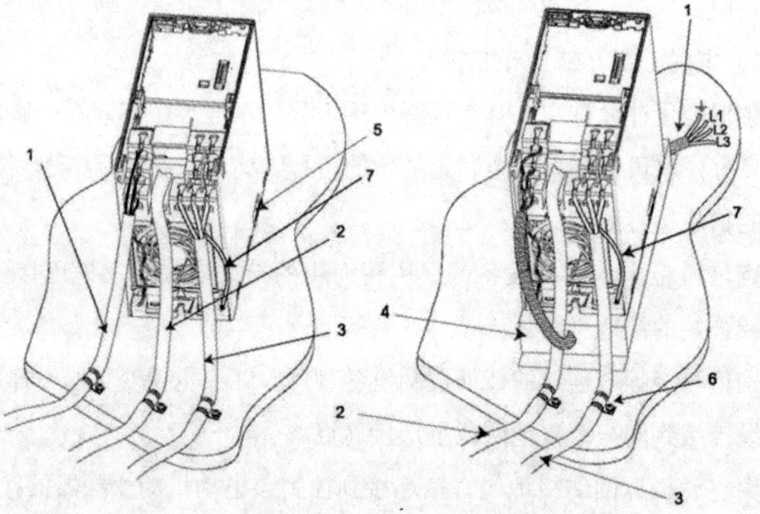

图 4.8 变频器降低电磁干扰影响的布线方法

1. 输入电源线；2. 控制电缆；3. 电动机电缆；4. 背板式滤波器；5. 金属底板；6. 使用适当的卡子电动机电缆和控制电缆，确保屏蔽层和金属底板可靠连接；7. 屏蔽电缆

（7）变频器的防雷

变频器装置的防雷措施是确保变频器安全运行的另一重要外设措施，特别在雷电活跃地区或活跃季节，这一问题尤为重要。现在的变频器产品，一般都设有雷电吸收网络，主要用来防止瞬间的雷电侵入，使变频器损坏。但是在实际工作中，特别是源线架空引入的情况下，单靠变频器自带的雷电吸收网络是不能满足要求的，还需要设置变频器专用避雷器。具体措施如下：

①可在电源进线处装设变频专用避雷器（可选件）。

②或按相关规范的要求，在离变频器 20mm 的远处预埋钢管专用接地保护。

③如果电源是电缆引入，则应做好控制室的防雷系统，以防雷电窜入破坏设备。实践表明，以上方法基本上能够有效防范雷击。

4.3 MM440 变频器的调试

4.3.1MM440 接线端子

MM440 变频器具有 6 个多功能数字量输入端、两个模拟输入端（可以作为 7 和 8 多功能数字量输入端使用）如图 4.9 所示、3 个多功能继电器输出端、两个模拟量输出端（0~20mA）。如图 4.10 所示。

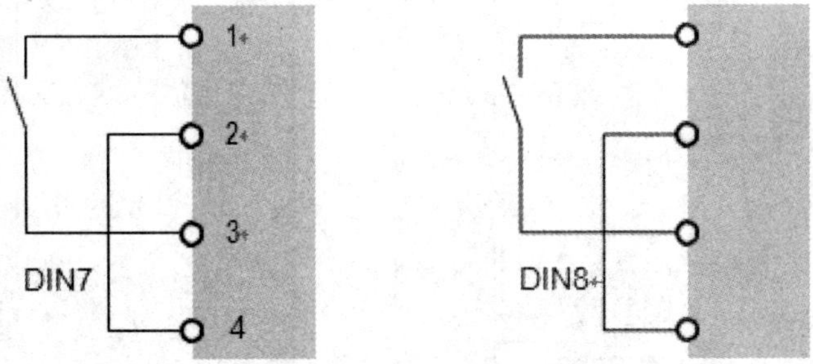

图 4.9 模拟输入作为数字输入时外部线路的连接

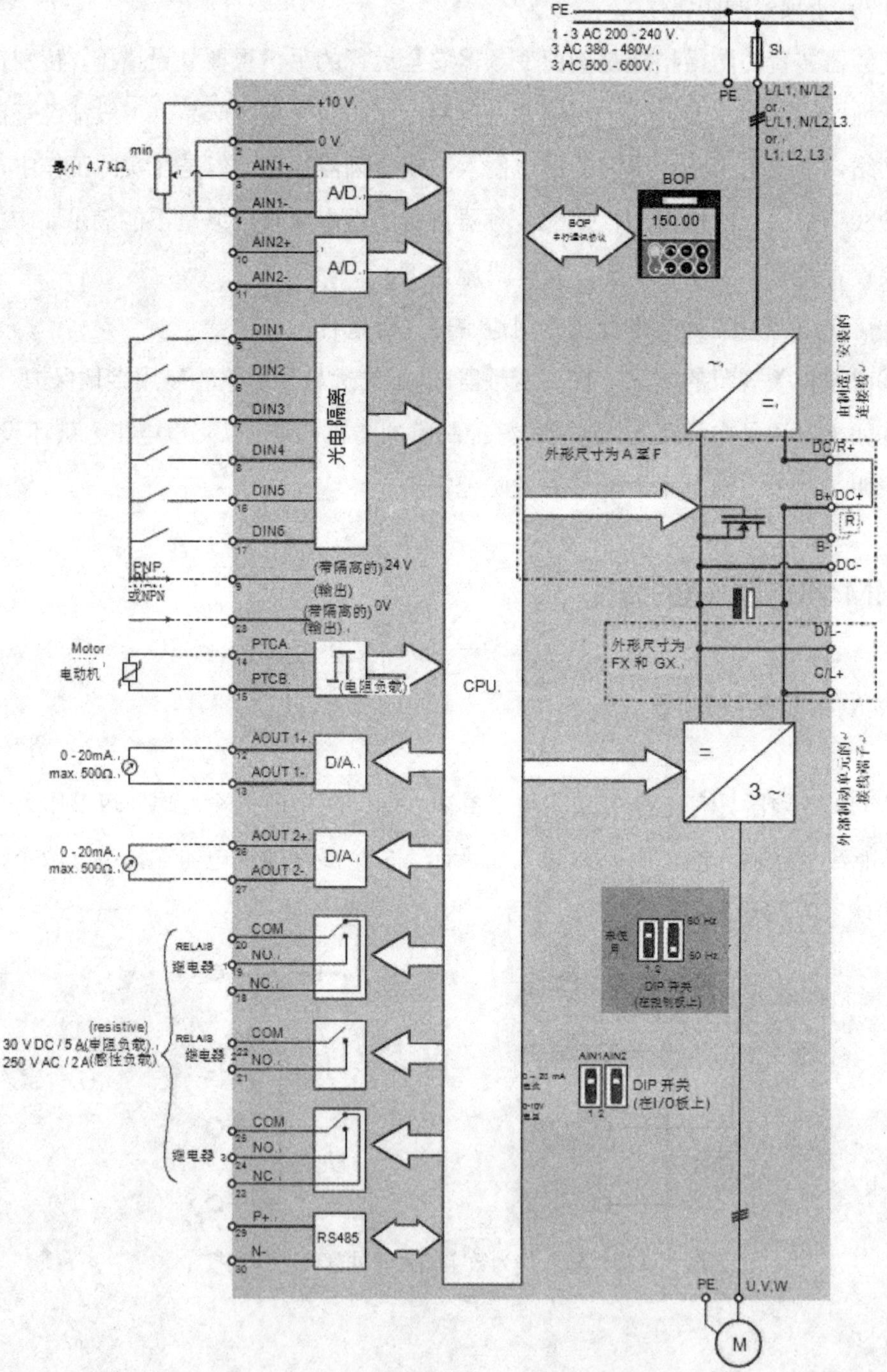

图 4.10 MM440 变频器接线端子方框图

4.3.2MM440 调试方法

MICROMASTER 440 变频器在标准供货方式时装有状态显示板 (SDP) (如图 4.11a)，对于很多用户来说，利用 SDP 和制造厂的缺省设置值，就可以使变频器成功地投入运行。如果工厂的缺省设置值不适合您的设备情况，您可以利用基本操作板 (BOP) (参看图 4.11) 或高级操作板 (AOP) (参看图 4.11)修改参数，使之匹配起来。BOP 和 AOP 是作为可 选件供货的。您也可以用 PC IBN 工具“Drive Monitor”或“STARTER”来调整工厂的设置值。相关的软件在随变频器供货的 CDROM 中可以找到。

a SDP状态显示板　　b BOP状态显示板　　c AOP状态显示板

图 4.11　适用于 MICROMASTER440 变频器的操作面板

变频器用来设置电动机频率的 DIP 开关在 SDP 面板下面，如图 4.12 所示。此处共有两个开关，即 DIP1 开关和 DIP2 开关。DIP1 开关并不是供用户使用的，用户不能自己进行操作。DIP2 开关设置在 Off 位置时，默认频率值为 50Hz，功率单位为 kW，用于欧洲老地区（我国的工频频率也是 50Hz）；DIP2 开关设置在 On 位置时，默认频率值为 60Hz，功率单位为 hp，用于北美地区。

变频器在调试前需要按照设备所在地区设置频率，即正确选择 DIP2 开关的位置。

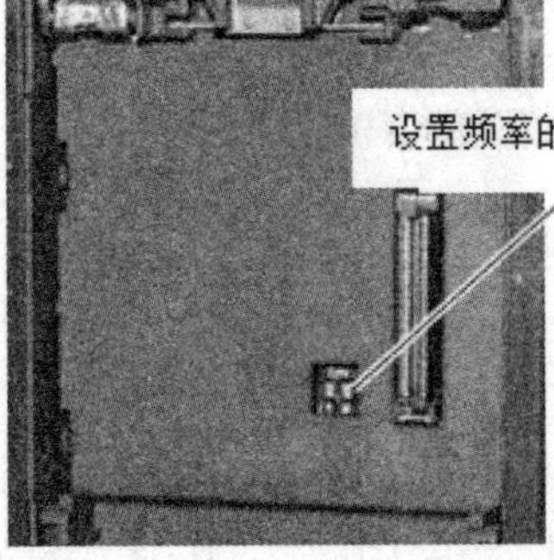

图 4.12 设定频率的 DIP 开关

（1）用状态显示板 SDP 进行调试

SDP 上有两个 LED 指示灯，用于指示变频器的运行状态。

采用 SDP 进行操作时，变频器的预设定必须与以下的电动机 数据兼容：

电动机的额定功率、电动机电压、电动机的额定电流、电动机的额定频率

此外，必须满足以下条件：

◆按照线性 V/f 控制特性，由模拟电位计控制电动机速度。

◆频率为 50Hz 时最大速度为 3000 转/分钟(60Hz 时为 3600 转/分钟），可通过变频器的模拟输入端用电位计控制。

◆斜坡上升时间 /斜坡下降时间 = 10s。

使用变频器上装设的 SDP 可进行以下操作：

◆启动和停止电动机（数字输入 DIN1 由外接开关控制）

◆电动机反向（数字输入 DIN2 由外接开关控制）

◆故障复位(数字输入 DIN3 由外接开关控制)

用状态显示面板 SDP 调试 MM440 时，MM440 的缺省设置参数必须适用于驱动装置的应用对象，MM440 的缺省设置值见表 4.2 所示。

表 4.2 用 SDP 进行操作的缺省设置

数字输入	端子号	参数	缺省操作
1	5	P0701 = ‘1’	ON，正向运行
2	6	P0702 = ‘12’	反向运行
3	7	P0703 = ‘9’	故障确认
4	8	P0704 = ‘15’	固定频率
5	16	P0705 = ‘15’	固定频率
6	17	P0706 = ‘15’	固定频率
7	经由 AIN1	P0707 = ‘0’	不激活
8	经由 AIN2	P0708 = ‘0’	不激活

（2）用基本操作板 BOP 进行调试

利用基本操作面板(BOP)可以更改变频器的各个参数。为了用 BOP 设置参数，首先必须将 SDP 从变频上拆卸下来，然后装上 BOP。

BOP 具有五位数字的七段显示，用于显示参数的序号和数值，报警和故障信息，以及该参数的设定值和实际值。BOP 不能存储参数的信息。

在缺省设置时，用 BOP 控制电动机的功能是被禁止的。如果要用 BOP 进行控制，参数 P0700 应设置为 1 ，参数 P1000 也应设置为 1。

变频器加上电源时，也可以把 BOP 装到变频器上，或从变频器上将 BOP 拆卸下来。

如果 BOP 已经设置为 I/O 控制(P0700=1)，在拆卸 BOP 时，变频器驱动装置将自动停车。BOP 面板的显示屏与按钮的介绍见表 4.3。

表 4.3 用 SDP 进行操作的缺省设置

显示/按钮	**功能**	功能说明
	状态显示	LCD 显示变频器当前的设定值。
	起动电动机	按此键起动变频器。缺省值运行时此键是被封锁的。为了使此键的操作有效，应设定 P0700 = 1。
	停止电动机	OFF1：按此键，变频器将按选定的斜坡下降速率减速停车。缺省值运行时此键被封锁；为了允许此键操作，应设定 P0700 = 1。 OFF2：按此键两次(或一次，但时间较长)电动机将在惯性作用下自由停车。 此功能总是“使能”的。
	改变电动机的转动方向	按此键可以改变电动机的转动方向。电动机的反向用负号(—)表示或用闪烁的小数点表示。缺省值运行时此键是被封锁的，为了使此键的操作有效，应设定 P0700 = 1。
	电动机点动	在变频器无输出的情况下按此键，将使电动机起动，并按预设定的点动频率运行。释放此键时，变频器停车。如果变频器 / 电动机正在运行，按此键将不起作用。

Fn	功能	此键用于浏览辅助信息。 变频器运行过程中，在显示任何一个参数时按下此键并保持不动 2 秒钟，将显示以下参数值： 直流回路电压（用 d 表示－ 单位： V）。 输出电流（A） 输出频率（Hz） 输出电压（用 o 表示 － 单位： V）。 由 P0005 选定的数值(如果 P0005 选择显示上述参数中的任何一个（3，4，或 5），这里将不再显示)。 连续多次按下此键，将轮流显示以上参数。 跳转功能。 在显示任何一个参数（rXXXX 或 PXXXX)时短时间按下此键，将立即跳转到 r0000，如果需要的话，您可以接着修改其它的参数。 跳转到 r0000 后，按此键将返回原来的显示点。 在出现故障或报警的情况下，Fn 键可以将操作板上显示的故障或报警信息复位。
P	访问参数	按此键即可访问参数。
▲	增加数值	按此键即可增加面板上显示的参数数值。
▼	减少数值	按此键即可减少面板上显示的参数数值。

用基本操作面板（BOP）更改参数的数值

表 4.4 介绍更改参数 P0004 数值的步骤。表 4.5 以 P0719 为例，说明如何修改下标参数 的数值。按照这个图表中说明的类似方法，可以用‘BOP’更改任何一个参数。

表 4.4　改变 P0004—参数过滤功能

操作步骤	显示结果
按P访问参数	r0000
按▲直到显示 P0004	P0004
按P进入参数数值访问级	0
按▲或▼达到所需要的数值	7
按P确认并存储参数的数值	P0004
使用者只能看到命令参数	

表 4.5　修改下标参数 P0719—选择命令/设定值源

操作步骤	显示结果
按P访问参数	r0000
按▲直到显示 P0719	P0719
按P进入参数数值访问级	in000
按P显示当前的设定值	0
按▲或▼选择运行所需要的最大频率	12
按P确认并存储 P0719 的数值	P0719
按▼直到显示出 r0000	in000
按P返回标准的变频器显示（由用户定义）	busy

忙碌信息：修改参数时，BOP 有时会显示 这表明变频器此时正在忙于处理优先级更高的任务。

为了快速修改参数的数值，可以一个个地单独修改显示出的每个数字，操作步骤如下：

◆按(功能键)，最右边的一个数字闪烁。

◆按/，修改这位数字的数值。

◆再按(功能键)，相邻的下一位数字闪烁。

◆执行 2 至 4 步，直到显示出所要求的数值。

◆按，退出参数数值的访问级。

确信已处于某一参数数值的访问级（参看“用 BOP 修改参数”）。

（3）用高级操作板 AOP 进行调试

高级操作面板（AOP）是可选件，其具有基本操作面板的所有功能，同时包括以下功能：

◆扩展屏幕显示语言简便，清晰的多种语言文本显示。

◆可通过 RS—232 接口进行通信，通过 PC 编程。

◆具有连接多个站点的能力，最多可以连接 30 台变频器。

◆具有诊断菜单和故障查找帮助。

◆显示速度、频率、电动机方向和电流值等。

◆多组参数的上传和下载功能。

◆能够存储和下载多达 10 组参数。

4.3.3MM440 利用 BOP/AOP 面板快速调试

在进行“快速调试”之前，必须完成变频器的机械和电气安装。P0010 的参数过滤功能和 P0003 选择用户访问级别的功能在调试时是十分重要的。MM440 变频器有三个用户访问级：标准级，扩展级和专家级。进行快速调试时，访问级较低的用户能够看到的参数较少。

必须完全按照以下参数设置，以确保高效和优化变频器的操作。请注意 P0010

必须设置为 1，才能允许此步骤的执行。

（1）调试步骤

①P0003—用户访问级：

0-用户定义的参数表；

1-标准级：可以访问最经常使用的一些参数；

2-扩展级：允许扩展访问参数的范围；

3-专家级：只供专家使用；

4-维修级：只供授权的维修人员使用，具有密码保护；

②P0004—参数过滤器：

0-全部参数；

2-变频器参数；

3-电动机参数；

7-命令，二进制 I/O；

通过设置 P0003 和 P0004 的值可方便查找后面的参数，如查找不到 P0004 的值，可进一步设置 P0003 的访问级别。

③P0010—调试参数过滤器：

0-准备运行；

1-快速调试；

30-出厂设置；

请注意在操作电动机之前，P0010 必须已经设置回 0。但是如果在调试之后设置了 P3900=1，将自动进行这一设置。

④P0100—使用地区 欧洲/北美：

0-功率单位为 kW，频率默认为 50Hz；

1-功率单位为 hp（马力），频率默认为 60Hz；

2-功率单位为 kW，频率默认为 60Hz；

注意：设置 0 和 1 时应当用 DIP 开关进行改变以允许永久设置。

⑤P0304—电动机额定电压：

10~2000V 的电动机额定电压值；

从额定标牌上查找电动机额定电压（V）。

⑥P0305—电动机额定电流：

0~2 倍变频器额定电流；

从额定标牌上查找电动机额定电流（A）。

⑦P0307—电动机额定功率：

0~2000kW；

从额定标牌上查找电动机额定功率（kW）；

如果P0100=1，功率单位是hp（马力）。

⑧P0310—电动机额定频率：

12~650Hz；

从额定标牌上查找电动机额定频率（Hz）。

⑨P0311—电动机额定速度：

0~40000r/min；

从额定标牌上查找电动机额定速度（r/min）。

⑩P0700—命令源：

0-出厂设置；

1-BOP 基本操作面板控制；

2-外部接线端子控制；

⑪P1000—频率设定值：

0-无频率设置；

1-BOP 频率控制；

2-模拟量频率控制；

3-固定频率设定；

⑫P1080—电动机最小运行频率：

设置电动机运行时的最小电动机频率（0~650Hz）无论频率的设定值是多少，此处设置在顺时针和逆时针转动时都有效。

⑬P1082—电动机最大运行频率：

设置电动机运行时的最大电动机频率（0~650Hz）无论频率的设定值是多少，此处设置在顺时针和逆时针转动时都有效。

⑭P1120—斜坡上升时间：

0~650s；

电动机从静止加速到最大电动机频率所需要的时间。

⑮P1121—斜坡下降时间：

0~650s；

电动机从最大电动机频率减速到静止所需要的时间。

⑯P3900—结速快速调试：

0-结束快速调试，不进行电动机计算或复位为工厂缺省设置值。

1-结束快速调试，进行电动机计算和复位为工厂缺省设置值（推荐的方式）。

2-结束快速调试，进行电动机计算和 I/ O 复位。

3-结束快速调试，进行电动机计算，但不进行 I/O 复位。

（2）利用 P0010 和 P0970 复位

复位变频器时，P0010 必须设置为 30（出厂设置），然后才可能将 P0970 设置为 1. 大约经过 3min 变频器将把所有参数自动复位成缺省设置。如果在参数设置时遇到问题并希望重新开始时，这将很有用。

4.3.4MM440 的常规操作

变频器没有主电源开关，因此，当电源电压接通时变频器就已带电。在按下运行（RUN） 键，或者在数字输入端 5 出现“ON”信号(正向旋转)之前，变频器的输出一直被封锁，处于等待状态。

如果装有 BOP 或 AOP 并且已选定要显示输出频率(P0005=21)，那么，在变频器减速停车时，相应的设定值大约每一秒钟显示一次。

变频器出厂时已按相同额定功率的西门子四极标准电动机的常规应用对象进

行编程。如果用户采用的是其他型号的电动机，就必须输入电动机铭牌上的规格数据。

除非 P0010= 1，否则是不能修改电动机参数的。

为了使电动机开始运行，必须将 P0010 返回“0”值。

操作的前提条件：

P0010= 0(为了正确地进行运行命令的初始化)。

P0700= 1(使能 BOP 的起动 / 停止按钮)。

P1000= 1(使能电动电位计的设定值)。

按下绿色按键，起动电动机。

在电动机转动时按下键。使电动机升速到 50Hz。

在电动机达到 50Hz 时按下键，电动机速度及其显示值都降低。

用键改变电动机的转动方向。

用红色按键停止电动机。

4.4MM440 的基本控制线路

4.4.1 点动运行控制线路

（1）任务目的

◆熟悉变频器的基本使用控制要求；

◆掌握变频器点动控制的连接和有关参数设置；

◆掌握面板操作和外接端子操作的点动运行；

（2）任务内容

①控制要求

一台三相异步电动机功率为 1.1kW，额定电流为 2.52A，额定电压为 380V。现需要用基本控制面板（BOP）和外部端子进行点动控制，通过参数设置来改变变频器的点动正反转输出频率和加减速时间，从而进行调速和定位控制。

②变频器点动控制接线图

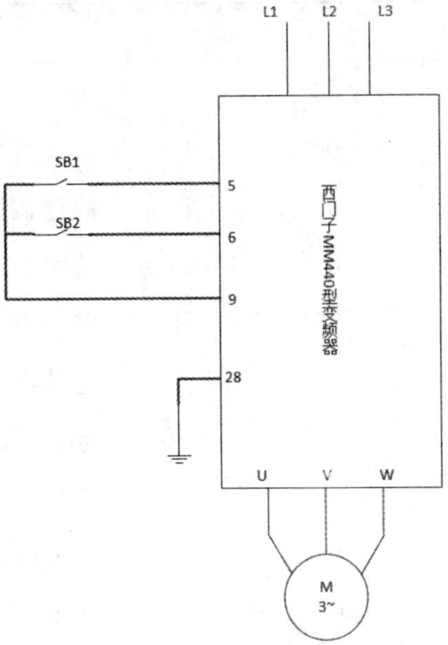

图 4.13 点动运行控制外部连接图

③操作步骤

基本控制面板（BOP）控制点动运行模式

◆将电源与变频器及电动机连好（如图 4.13）。

◆经检查无误后，方可通电。

◆按下操作面板键，进入参数设置画面。访问参数 P0003 和 P0004，通过设置这两个参数，可以快速查看后面的参数，访问 P0010，将设定值选为 1；进行快速调试；访问参数 P700（可将参数 P0004 设定为 7），将设定值选为 1。按键确认，再访问参数 P1058，设置点动频率为 50Hz。再将点动上升 P1060/下降时间 P1061 设定为 10s。

◆参数设置完毕，按键，切换为运行监视模式。

◆按下面板键，电动机将按照正向点动设定频率 50Hz 逐渐加速（加速时间为 P1060）运行，实现点动运行状态．松开键，电动机将逐渐减速（减速时间为 P1061）停止运行。

利用 BOP 面板控制电动机点动运行的变频器参数设置如表 4.6 所示：

表 4.6 BOP 点动控制参数设定

序号	变频器参数	出厂值	设定值	功能说明
1	P10	0	30	工厂设置
2	P0970	0	1	参数复位
3	P10	0	1	快速调试
4	P100	0	0	功率 50Hz
5	P0304	230	380	电动机的额定电压(380V)
6	P0305	3.25	0.55	电动机的额定电流(0.35A)
7	P0307	0.75	0.75	电动机的额定功率(60W)
8	P0310	50.00	50.00	电动机的额定频率(50Hz)
9	P3900	0	1	结束快速调试
10	P10	0	0	准备
11	P0003	1	2	扩展访问级别
12	P0004	0	7	参数过滤
13	P700	2	1	选择命令源（BOP 控制）
14	P0003	1	2	扩展访问级别
15	P0004	0	10	参数过滤
16	P1000	2	1	频率设定选择 BOP
17	P1058	5.00	10.00	正向点动频率
18	P1060	10.00	10.00	点动斜坡上升时间
19	P1061	10.00	10.00	点动斜坡下升时间

外部端子信号控制点动运行模式

◆首先将变频器停电，并打开变频器上盖板，按图 4.13 接好外部按钮、开关连线。

◆教师检查无误后合上盖板，并接通电源。

◆按下操作面板键，进入参数设置菜单画面，观察监视器并按表 4.7 所给参数进行设置。

◆参数设定完毕即可进行外端子控制运行的点动操作模式。

◆SB1 正向点动按钮，按下 SB1（接通 5 与 9），即可进行点动正转运行；

◆SB2 反向点动按钮，按下 SB2（接通 6 与 9），即可进行点动反转运行；

◆输入端子 L1、L2、L3 接三相电源；

◆输出端子 U、V、W 接电动机；

表 4.7 点动控制参数设定

序号	变频器参数	出厂值	设定值	功能说明
1	P10	0	30	工厂设置
2	P0970	0	1	参数复位
3	P10	0	1	快速调试
4	P100	0	0	功率 50Hz
5	P0304	230	380	电动机的额定电压(380V)
6	P0305	3.25	0.55	电动机的额定电流(0.35A)
7	P0307	0.75	0.75	电动机的额定功率(60W)
8	P0310	50.00	50.00	电动机的额定频率(50Hz)
9	P3900	0	1	结束快速调试
10	P10	0	0	准备
11	P0003	1	2	扩展访问级别
12	P0004	0	7	参数过滤
13	P700	2	2	选择命令源（由端子排输入）
14	P701	1	10	正向点动
15	P702	12	11	反向点动
16	P0003	1	2	扩展访问级别
17	P0004	0	10	参数过滤
18	P1000	2	1	频率设定选择 BOP
19	P1058	5.00	10.00	正向点动频率
20	P1060	10.00	10.00	点动斜坡上升时间
21	P1061	10.00	10.00	点动斜坡下升时间

P0010 快速调试。变频器运行前此参数必须为零，若设置为 1，则进行快速调

试，主要是改变电动机参数，要设置 P0304、P0305、P0307、P0310，必须将 P0010 设为 1，这些与电动机相关的参数只能在快速调试模式下修改，因此这些参数的设置也因使用的电动机而不同。

P0700 选择命令源。此参数为选择数字的命令信号源，选择 1 时也可以由 BOP 上的键完成点动控制。

P0701 数字输入 1 的功能。MM440 变频器共有 6 个数字输入端，此任务中选择 5 号端子来完成点动控制要求，所以需要将设定值选择为 10，即点动正转功能。

P0702 数字输入 2 的功能。设定值选择为 11，定义数字输入 2 的功能为点动反转。

④注意事项

◆接线完毕后一定要重复认真检查以防错误烧坏变频器，特别是主电源电路。

◆在接线时变频器内部端子用力不得过猛，以防损坏。

◆在送电主停电过程中要注意安全，特别是在停电过程中必须待面板 LED 显示全部熄灭情况下方可打开盖板。

◆在变频器进行参数设定操作时应认真观察 LED 显示内容，以免发生错误，争取一次试验成功。

4.4.2 正转连续控制线路

（1）任务目的

◆熟悉变频器的基本使用控制要求；

◆掌握变频器正转连续控制的连接和有关参数设置；

◆掌握面板操作和外接端子操作的正转连续运行；

（2）任务内容

①控制要求：

一台三相异步电动机功率为 1.1kW，额定电流为 2.52A，额定电压为 380V。现需要用基本控制面板（BOP）和外部端子进行正转连续控制，通过参数设置来改变变频器的正转连续运行操作，要求输出频率 50Hz，加减速时间 10s。

②变频器正转连续运行控制接线图：

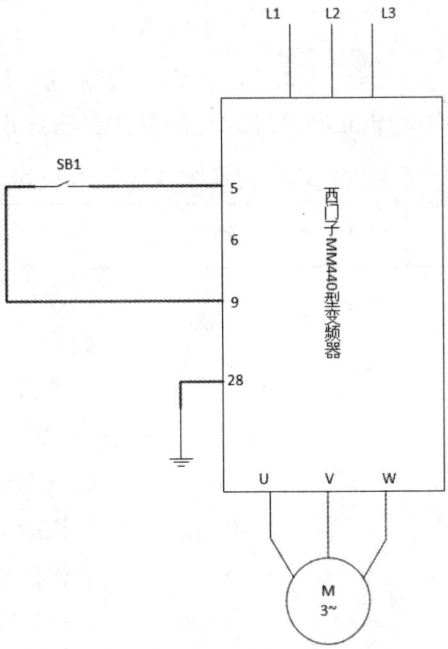

图 4.14 正转连续控制外部连接图

③操作步骤

基本控制面板（BOP）控制点动运行模式

◆将电源与变频器及电动机连好（如图 4.14）。

◆经检查无误后，方可通电。

◆按下操作面板键，进入参数设置画面。访问参数 P0003 和 P0004，通过设置这两个参数，可以快速查看后面的参数，访问 P0010，将设定值选为 1；进行快速调试；访问参数 P700（可将参数 P0004 设定为 7），将设定值选为 1。按键确认，再访问参数 P1040，设置输出频率为 50Hz。再将斜坡上升 P1120/下降时间 P1121 设定为 10s。

◆参数设置完毕，按键，切换为运行监视模式。

◆按下面板键，电动机将按照正向点动设定频率 50Hz 逐渐加速（加速时间为

P1120)运行，实现正转连续运行状态.按下键，电动机将逐渐减速（减速时间为P1121）停止运行。

◆如需改变当前频率，也可以在不停车的状态下完成，方法是首先按键，显示

，按键，再按/键，调到所需频率大小即可。

利用BOP面板控制电动机正转连续运行的变频器参数设置如表4.8所示：

表4.8 BOP正转连续控制参数设定

序号	变频器参数	出厂值	设定值	功能说明
1	P10	0	30	工厂设置
2	P0970	0	1	参数复位
3	P10	0	1	快速调试
4	P100	0	0	功率50Hz
5	P0304	230	380	电动机的额定电压(380V)
6	P0305	3.25	0.55	电动机的额定电流(0.35A)
7	P0307	0.75	0.75	电动机的额定功率(60W)
8	P0310	50.00	50.00	电动机的额定频率(50Hz)
9	P3900	0	1	结束快速调试
10	P10	0	0	准备
11	P0003	1	2	扩展访问级别
12	P0004	0	7	参数过滤
13	P700	2	1	选择命令源（BOP控制）
14	P0003	1	2	扩展访问级别
15	P0004	0	10	参数过滤
16	P1000	2	1	频率设定选择BOP
17	P1040	5.00	50.00	MOP设定值
18	P1120	10.00	10.00	斜坡上升时间
19	P1121	10.00	10.00	斜坡下升时间

外部端子信号控制点动运行模式

◆首先将变频器停电，并打开变频器上盖板，按图4.14接好外部按钮、开关连线。

◆教师检查无误后合上盖板，并接通电源。

◆按下操作面板 P 键，进入参数设置菜单画面，观察监视器并按表 4.9 所给参数进行设置。

◆参数设定完毕即可进行外端子控制运行的正转连续运行操作模式。

◆按下 SB1 按钮，（接通 5 与 9），即可进行正转连续运行；

◆松开 SB1 按钮，（断开 5 与 9），电动机将逐渐减速停止运行；

◆观察 LED 监视器所显示值应为运行频率 50Hz；加减速时间由 P1120、和 P1121 的设定值决定。

◆改变输出频率只需改变 P1040 中的设定值即可；

表 4.9 外部端子控制变频器正转连续运行参数设定

序号	变频器参数	出厂值	设定值	功能说明
1	P10	0	30	工厂设置
2	P0970	0	1	参数复位
3	P10	0	1	快速调试
4	P100	0	0	功率 50Hz
5	P0304	230	380	电动机的额定电压(380V)
6	P0305	3.25	0.55	电动机的额定电流(0.35A)
7	P0307	0.75	0.75	电动机的额定功率(60W)
8	P0310	50.00	50.00	电动机的额定频率(50Hz)
9	P3900	0	1	结束快速调试
10	P10	0	0	准备
11	P0003	1	2	扩展访问级别
12	P0004	0	7	参数过滤
13	P700	2	2	选择命令源（由端子排输入）
14	P701	1	1	正转/停止命令
16	P0003	1	2	扩展访问级别
17	P0004	0	10	参数过滤
18	P1000	2	1	频率设定选择 BOP
19	P1040	5.00	50.00	MOP 设定值
20	P1120	10.00	10.00	斜坡上升时间
21	P1121	10.00	10.00	斜坡下升时间

④注意事项

◆接线完毕后一定要重复认真检查以防错误烧坏变频器，特别是主电源电路。

◆在接线时变频器内部端子用力不得过猛，以防损坏。

◆在送电主停电过程中要注意安全，特别是在停电过程中必须待面板 LED 显示全部熄灭情况下方可打开盖板。

◆在变频器进行参数设定操作时应认真观察 LED 显示内容，以免发生错误，争取一次试验成功。

4.4.3 正反转控制线路

（1）任务目的

◆熟悉变频器的基本使用控制要求；

◆掌握变频器正反转控制的连接和有关参数设置；

◆掌握面板操作和外接端子操作的正反转运行；

（2）任务内容

①控制要求：

一台三相异步电动机功率为 1.1kW，额定电流为 2.52A，额定电压为 380V。现需要用基本控制面板（BOP）和外部端子进行正反转控制，通过参数设置来改变变频器的正反转运行操作，要求输出频率 50Hz，加减速时间 10s。

②变频器正反转运行控制接线图：

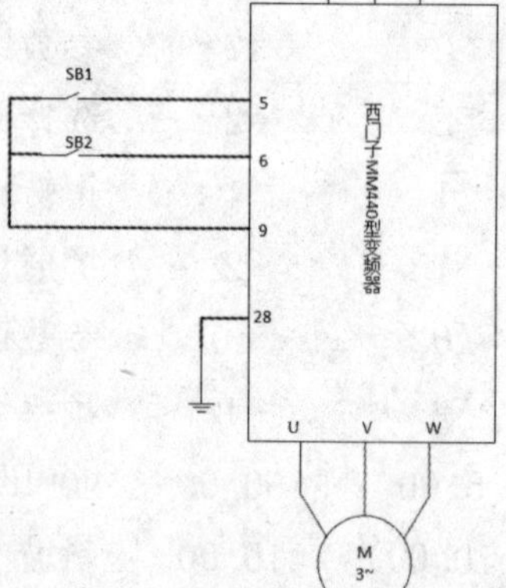

图 4.15 正反转控制外部连接图

③操作步骤

基本控制面板（BOP）控制点动运行模式

◆将电源与变频器及电动机连好（如图 4.15）。

◆经检查无误后，方可通电。

◆按下操作面板键，进入参数设置画面。访问参数 P0003 和 P0004，通过设置这两个参数，可以快速查看后面的参数，访问 P0010,将设定值选为 1；进行快速调试；访问参数 P700（可将参数 P0004 设定为 7），将设定值选为 1。按键确认，再访问参数 P1040，设置输出频率为 50Hz。再将斜坡上升 P1120/下降时间 P1121 设定为 10s。

◆参数设置完毕，按键，切换为运行监视模式。

◆按下面板键，电动机将按照正向点动设定频率 50Hz 逐渐加速(加速时间为 P1120)运行，实现正转连续运行状态. 按下面板键，电动机将反向运行。按下键，电动机将逐渐减速（减速时间为 P1121）停止运行。

◆如需改变当前频率，也可以在不停车的状态下完成，方法是首先按键，显示 r0000，按键，再按/键，调到所需频率大小即可。

利用 BOP 面板控制电动机正反转运行的变频器参数设置如表 4.10 所示：

表 4.10 BOP 正反转控制参数设定

序号	变频器参数	出厂值	设定值	功能说明
1	P10	0	30	工厂设置
2	P0970	0	1	参数复位
3	P10	0	1	快速调试
4	P100	0	0	功率 50Hz
5	P0304	230	380	电动机的额定电压(380V)
6	P0305	3.25	0.55	电动机的额定电流(0.35A)
7	P0307	0.75	0.75	电动机的额定功率(60W)

8	P0310	50.00	50.00	电动机的额定频率(50Hz)
9	P3900	0	1	结束快速调试
10	P10	0	0	准备
11	P0003	1	2	扩展访问级别
12	P0004	0	7	参数过滤
13	P700	2	1	选择命令源（BOP 控制）
14	P0003	1	2	扩展访问级别
15	P0004	0	10	参数过滤
16	P1000	2	1	频率设定选择 BOP
17	P1040	5.00	50.00	MOP 设定值
18	P1120	10.00	10.00	斜坡上升时间
19	P1121	10.00	10.00	斜坡下升时间

外部端子信号控制点动运行模式

◆首先将变频器停电，并打开变频器上盖板，按图 4.15 接好外部按钮、开关连线。

◆教师检查无误后合上盖板，并接通电源。

◆按下操作面板键，进入参数设置菜单画面，观察监视器并按表 4.11 所给参数进行设置。

◆参数设定完毕即可进行外端子控制运行的正反转运行操作模式。

◆按下 SB1 按钮，（接通 5 与 9），即可进行正转连续运行；松开 SB1 电动机减速并停止运行；

◆按下 SB2 按钮，（断开 6 与 9），电动机将反转运行；松开 SB2 电动机减速并停止运行；

◆观察 LED 监视器所显示值，运行中还可按键，监视电流和电压以对照变频器，电动机运行性能指标。

◆改变输出频率只需改变 P1040 中的设定值即可；

表 4.11 外部端子控制变频器正转连续运行参数设定

序号	变频器参数	出厂值	设定值	功能说明
1	P10	0	30	工厂设置
2	P0970	0	1	参数复位
3	P10	0	1	快速调试
4	P100	0	0	功率 50Hz
5	P0304	230	380	电动机的额定电压(380V)
6	P0305	3.25	0.55	电动机的额定电流(0.35A)
7	P0307	0.75	0.75	电动机的额定功率(60W)
8	P0310	50.00	50.00	电动机的额定频率(50Hz)
9	P3900	0	1	结束快速调试
10	P10	0	0	准备
11	P0003	1	2	扩展访问级别
12	P0004	0	7	参数过滤
13	P700	2	2	选择命令源（由端子排输入）
14	P701	1	1	正转/停止命令
15	P702	12	12	反转
16	P0003	1	2	扩展访问级别
17	P0004	0	10	参数过滤
18	P1000	2	1	频率设定选择 BOP
19	P1040	5.00	50.00	MOP 设定值
20	P1120	10.00	10.00	斜坡上升时间
21	P1121	10.00	10.00	斜坡下升时间

④注意事项

◆接线完毕后一定要重复认真检查以防错误烧坏变频器，特别是主电源电路。

◆在接线时变频器内部端子用力不得过猛，以防损坏。

◆在送电主停电过程中要注意安全，特别是在停电过程中必须待面板 LED 显示全部熄灭情况下方可打开盖板。

◆在变频器进行参数设定操作时应认真观察 LED 显示内容，以免发生错误，争取一次试验成功。

◆由于变频器可直接切换其正、反转，必须注意使用时的安全。在变频器由正转切换为反转状态时加减速时间可根据电机容量和工作环境条件不同而定。

4.4.4 外接两地控制线路

（1）任务目的

◆熟悉变频器的基本使用控制要求；

◆掌握变频器外接两地控制的连接和有关参数设置；

◆掌握面板参数设置和外接端子操作的两地控制运行；

（2）任务内容

①控制要求：

一台三相异步电动机功率为 1.1kW，额定电流为 2.52A，额定电压为 380V。现用变频器进行两地控制，通过变频器参数设置和外端子接线来控制变频器的运行输出频率，达到电动机两地运行控制的目的。在运行操作中运行频率分别设定为：第一次 20Hz；第二次 30Hz；第三次 40Hz。

②变频器正反转运行控制接线图：

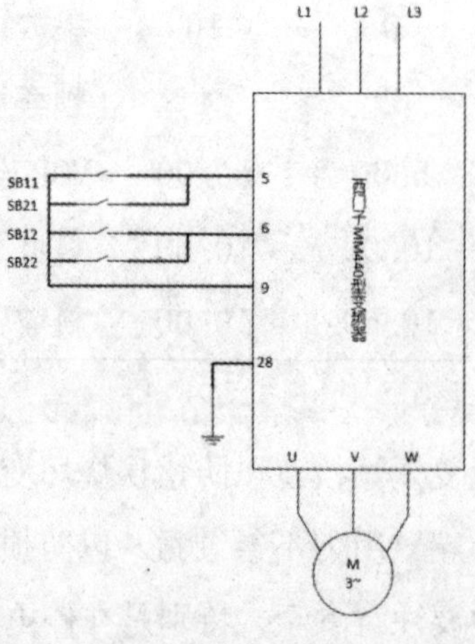

图 4.16 外接两地控制外部连接图

③操作步骤

◆首先将主、控回路线连接好（如图 4.16）。

◆经检查无误后，方可通电。

◆按表 4.12 所示，将所涉及参数正确输入变频器，观察 LED 监视器并按 Fn 键监视输出频率，输出电流，输出电压。

◆按下甲地正转起动按钮 SB11，电动机将按照第一次设定频率 20Hz 连续运行。断开 SB11 按钮，电动机将停止运行。

◆按下甲地反转按钮 SB12，电动机将反转运行。

◆按下乙地正转起动按钮 SB21，电动机将正转连续运行。

◆按下乙地反转起动按钮 SB22，电动机将按照第一次设定频率所设定值工作在反转 20Hz 连续运行状态。松开 SB21，电动机将停止运行。

◆观察变频器的运行情况，LED 监视器所显示结果是否正确。

◆两地控制 30Hz 和 40Hz 时正、反转运行的操作步骤和方法，只需改变 P1040 即可改变运行频率，其他同上。

◆对于三地或多地控制，只要把各地的起动按钮并接、停止按钮并接在变频器的外接端子信号控制端就可实现。

表 4.12 外接两地控制电路控制参数设定

序号	变频器参数	出厂值	设定值	功能说明
1	P10	0	30	工厂设置
2	P0970	0	1	参数复位
3	P10	0	1	快速调试
4	P100	0	0	功率 50Hz
5	P0304	230	380	电动机的额定电压(380V)
6	P0305	3.25	0.55	电动机的额定电流(0.35A)
7	P0307	0.75	0.75	电动机的额定功率(60W)
8	P0310	50.00	50.00	电动机的额定频率(50Hz)
9	P3900	0	1	结束快速调试

续表

10	P10	0	0	准备
11	P0003	1	2	扩展访问级别
12	P0004	0	7	参数过滤
13	P700	2	2	选择命令源（由端子排输入）
14	P701	1	1	正转/停止命令
15	P702	12	12	反转
16	P0003	1	2	扩展访问级别
17	P0004	0	10	参数过滤
18	P1000	2	1	频率设定选择 BOP
19	P1040	5.00	50.00	MOP 设定值
20	P1120	10.00	10.00	斜坡上升时间
21	P1121	10.00	10.00	斜坡下升时间

④注意事项

◆接线完毕后一定要重复认真检查以防错误烧坏变频器，特别是主电源电路。

◆在接线时变频器内部端子用力不得过猛，以防损坏。

◆在送电主停电过程中要注意安全，特别是在停电过程中必须待面板 LED 显示全部熄灭情况下方可打开盖板。

◆在变频器进行参数设定操作时应认真观察 LED 显示内容，以免发生错误，争取一次试验成功。

◆由于变频器可直接切换其正、反转，必须注意使用时的安全。在变频器由正转切换为反转状态时加减速时间可根据电机容量和工作环境条件不同而定。

4.4.5 多段速控制线路

（1）任务目的

◆熟悉变频器的基本使用控制要求；

◆掌握变频器多段速控制的连接和有关参数设置；

◆掌握面板参数设置和外接端子操作的多段速控制运行；

（2）任务内容

①控制要求：

一台三相异步电动机功率为 1.1kW，额定电流为 2.52A，额定电压为 380V。现用变频器进行多段速控制，通过变频器参数设置和外端子接线来控制变频器的运行输出频率，达到电动机多段速运行控制的目的。在运行操作中运行频率安图 4.17 所给参数设定运行。

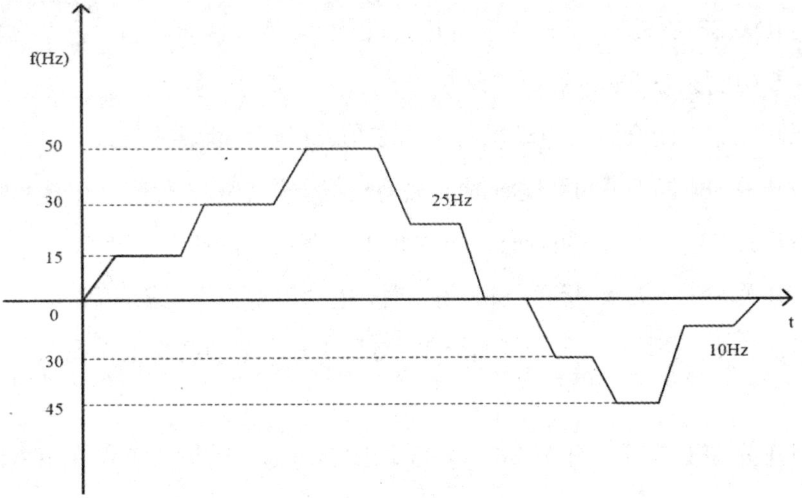

图4.17 七段速运行曲线图

②变频器多段速运行控制接线图：

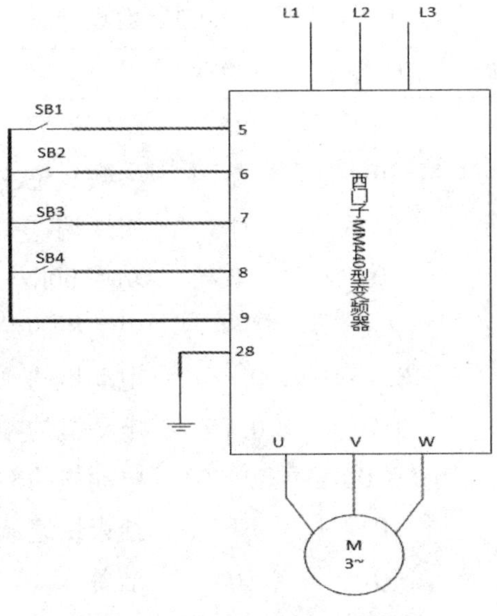

图4.18 多段速控制外部连接图

③操作步骤

◆首先将主、控回路线连接好（如图 4.18）。

◆经检查无误后，方可通电。

◆按表 4.13 所示，将所涉及参数正确输入变频器，观察 LED 监视器并按Fn键监视输出频率，输出电流，输出电压。

◆当开关 SB1、SB2、SB3 处于断开状态，SB4 处于接通状态时，变频器输出频率为 P1040 中的频率 0Hz，此时电动机停止。

◆当开关 SB1 闭合时，电动机将工作在第一段速，正转 15Hz。

◆当开关 SB1 断开，SB2 闭合时，电动机将工作在第二段速，正转 30Hz。

◆当开关 SB1、SB2 均闭合时，电动机工作在第三段速，正转 50Hz。

◆当开关 SB1、SB2 均断开，SB3 闭合时，电动机将工作在第四段速，正转 25Hz。

◆当开关 SB2 断开，开关 SB1、SB3 均闭合时，电动机将工作在第五段速，反转 30Hz。

◆当开关 SB1 断开，开关 SB2、SB3 均闭合时，电动机将工作在第六段速，反速 45Hz。

◆当开关 SB1、SB2、SB3 均闭合时，电动机工作在第七段速，反转 10Hz。

表 4.13 多段速控制参数设定

序号	变频器参数	出厂值	设定值	功能说明
1	P10	0	30	工厂设置
2	P0970	0	1	参数复位
3	P10	0	1	快速调试
4	P100	0	0	功率 50Hz
5	P0304	230	380	电动机的额定电压(380V)
6	P0305	3.25	0.55	电动机的额定电流(0.35A)
7	P0307	0.75	0.75	电动机的额定功率(60W)
8	P0310	50.00	50.00	电动机的额定频率(50Hz)
9	P3900	0	1	结束快速调试
10	P10	0	0	准备
11	P0003	1	2	扩展访问级别

续表

12	P0004	0	7	参数过滤
13	P700	2	2	选择命令源（由端子排输入）
14	P701	1	17	固定频率设值(二进制编码选择
15	P702	12	17	固定频率设值(二进制编码选择
16	P703	9	17	固定频率设值(二进制编码选择
17	P704	15	1	正转/停止命令
18	P0003	1	2	扩展访问级别
19	P0004	0	10	参数过滤
20	P1000	2	3	固定频率设定
21	P1001	0.00	15.00	固定频率 1
22	P1002	5.00	30.00	固定频率 2
23	P1003	10.00	50.00	固定频率 3
24	P1004	15.00	25.00	固定频率 4
25	P1005	20.00	—30.00	固定频率 5
26	P1006	25.00	—45.00	固定频率 6
27	P1007	30.00	—10.00	固定频率 7
28	P1040	5.00	0.00	MOP 设定值
29	P1080	0	0	电动机的最小频率(0Hz)
30	P1082	50	50.00	电动机的最大频率(50Hz)
31	P1120	10.00	10.00	斜坡上升时间
32	P1121	10.00	10.00	斜坡下升时间

④参数含义详解及设定操作

P0701~P0704 设定数字输入端 5、6、7、8 的功能为固定频率设定值。对应本任务的控制要求，除需要用 1 个端子来过多成起动、停止外，剩余的 3 个端子用来完成 4 级速度的切换，而用来完成速度切换的端子可选的设定值有 3 种选择，分别为：

15-固定频率设定值，直接选择。

16-固定频率设定值，直接选择+ON 命令。

17-固定频率设定值，二进制编码的十进制（BCD 码）选择+ON 命令。

P1001~P1007 多段速设定频率。此参数为多段速设定频率值，是定义固定频率 1~7 的设定值，这 7 个参数只有缺省值不同，现已 P1001 为例，介绍它的使用方法。有三种选择固定频率的方法：

直接选择（P0701=P0702=P0703=15）。在这种操作方式下，一个数字输入端选择一个固定频率。如果有几个固定频率输入同时被激活，选定的频率是它们的总和。例如：FF1+FF2+FF3。需要说明的是，在直接选择的操作方式下，还需要一个 ON 命令才能使变频器投入运行。

直接选择+ON 命令（P0701=P0702=P0703=16）。选择固定频率时，既有选定的固定频率，又带有 ON 命令，把它们组合在一起。

在这种操作方式下，一个数字输入选择一个固定频率。如果有几个固定频率输入同时被激活，选定的频率是它们的总和。例如：FF1+FF2+FF3。

二进制编码的十进制（BCD 码）选择+ON 命令（P0701=P0702=P0703=17）。使用这种方法最多可以选择 15 个固定频率。固定频率数值与数字端子组合见表 4.14。

表 4.14 固定频率数值与数子端子组合

开关				输出频率
0	0	0	1	P1001
0	0	1	0	P1002
0	0	1	1	P1003
0	1	0	0	P1004
0	1	0	1	P1005
0	1	1	0	P1006
0	1	1	1	P1007
1	0	0	0	P1008
1	0	0	1	P1009
1	0	1	0	P1010
1	0	1	1	P1011
1	1	0	0	P1012
1	1	0	1	P1013
1	1	1	0	P1014
1	1	1	1	P1015

值得注意的是，为了使用固定频率功能，除按控制要求设定好不同频率值以外，还需要将 P1000 的设定值设定为 3，选择固定频率的操作方式。

⑤注意事项

◆接线完毕后一定要重复认真检查以防错误烧坏变频器，特别是主电源电路。

◆在接线时变频器内部端子用力不得过猛，以防损坏。

◆在送电主停电过程中要注意安全，特别是在停电过程中必须待面板 LED 显示全部熄灭情况下方可打开盖板。

◆在变频器进行参数设定操作时应认真观察 LED 显示内容，以免发生错误，争取一次试验成功。

◆由于变频器可直接切换其正、反转，必须注意使用时的安全。在变频器由正转切换为反转状态时加减速时间可根据电机容量和工作环境条件不同而定。

4.4.6 模拟量控制线路

（1）任务目的

◆熟悉变频器的模拟量输入输出接口；

◆掌握变频器模拟量控制的连接和有关参数设置；

（2）任务内容

①控制要求：

用两个开关 SA1 和 SA2 控制 MM440 变频器，实现电动机正转和反转功能，由模拟输入端控制电动机转速的大小。其中，DIN1 端口设为正转控制，DIN2 端口设为反转控制。

西门子 MM440 变频器可以通过 6 个数字输入端口对电动机进行正反转运行、正反转点动运行方向控制，可通过基本操作板 BOP 或高级操作板 AOP 来设置正反向转速的大小；也可以由数字输入端口控制电动机的正反转方向，由模拟输入端控制电动机转速的大小。MM440 变频器为用户提供了两对模拟输入端口，即端子 3、4 和端口 10、11 如图 4.19 所示。

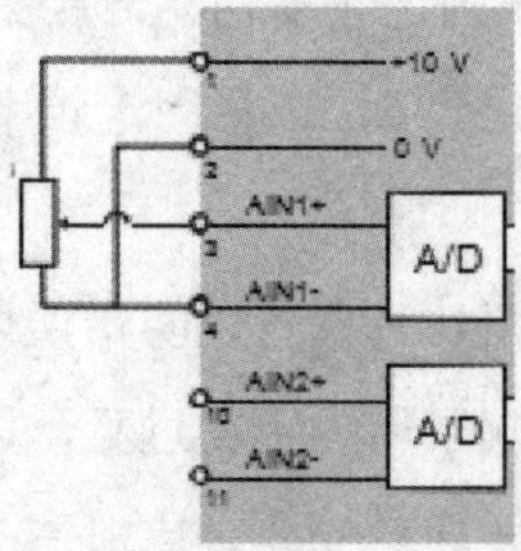

图4.19 变频器模拟量输入和输出端口

② 变频器多段速运行控制接线图：

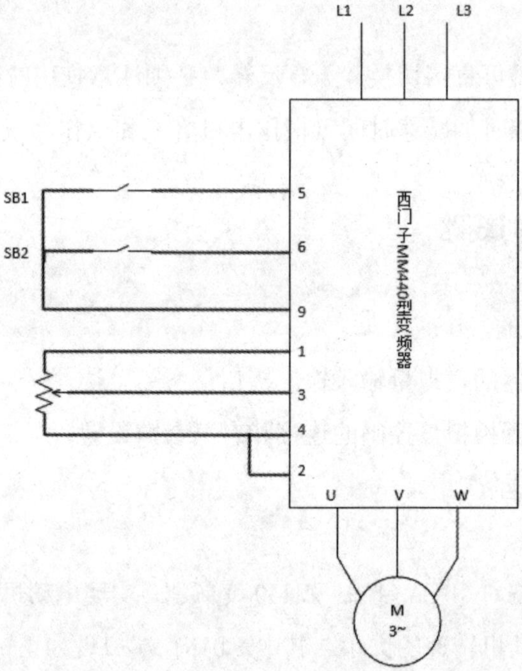

图4.20 模拟量控制外部连接图

③操作步骤

◆首先将主、控回路线连接好（如图 4.20）。

◆经检查无误后，方可通电。

◆按表 4.15 所示，将所涉及参数正确输入变频器，观察 LED 监视器并按Fn键监视输出频率，输出电流，输出电压。

◆当开关 SB2 处于断开状态，SB1 处于接通状态时，变频器输出正转指令，输出频率可通过调节电动电位计调整电动机运行频率大小。

◆当开关 SB1 断开，SB2 接通时，变频器输出反转指令，当前电动机运行频率可通过调节电动电位计调整电动机运行频率大小。

◆当开关 SB1、SB2 均断开时，电动机停止运行。

表 4.15 多段速控制参数设定

序号	变频器参数	出厂值	设定值	功能说明
1	P10	0	30	工厂设置
2	P0970	0	1	参数复位
3	P10	0	1	快速调试
4	P100	0	0	功率 50Hz
5	P0304	230	380	电动机的额定电压(380V)
6	P0305	3.25	0.55	电动机的额定电流(0.35A)
7	P0307	0.75	0.75	电动机的额定功率(60W)
8	P0310	50.00	50.00	电动机的额定频率(50Hz)
9	P3900	0	1	结束快速调试
10	P10	0	0	准备
11	P0003	1	2	扩展访问级别
12	P0004	0	7	参数过滤
13	P700	2	2	选择命令源（由端子排输入）
14	P701	1	1	ON 接通正转，OFF 停止
15	P702	1	2	ON 接通反转，OFF 停止
16	P0003	1	2	扩展访问级别
17	P0004	0	10	参数过滤
18	P1000	2	2	频率设定值选择模拟输入
19	P1080	0	0	电动机的最小频率(0Hz)
20	P1082	50	50.00	电动机的最大频率(50Hz)

④参数含义详解及设定操作

通过设置 P0701 的参数值，使数字输入 5 端口具有正转控制功能；通过设置 P0702 的参数值，使数字输入 6 端口具有反转控制功能；模拟输入 3、4 端口处接电位器，通过 3 端口输入大小可调的模拟电压信号，控制电动机转速的大小，即由数字输入端控制电动机转速的方向，由模拟输入端控制转速的大小。

由图 4.19 可知，MM440 变频器的 1、2 输出端为转速调节电位器提供+10V 直流稳压电源。为了确保交流调速系统的控制精度，MM440 变频器通过 1、2 输出端为用户的给定单元提供了一个高精度的直流稳压电源。

电动机正转：按下电动机正转按钮 SB1，数字输入端口为 ON，电动机正转运行，转速由外接电位器来控制，模拟电压信号从 0V~+10V 变化，对应变频器的频率从 0~50Hz 变化，通过调节电位器改变 MM440 变频器 3 端口模拟输入电压信号的大小，可平滑无级地调节电动机转速的大小。当松开按钮 SB1 时，电动机停止。通过 P1120 和 P1121 参数，可设置斜坡上升时间和斜坡下降时间。

电动机反转：当按下电动机反转按钮 SB2 时，数字输入端口 6 为 ON，电动机反转运行，与电动机正转相同，反转转速大小仍由外接电位器来调节。当放开按钮 SB2 时，电动机停止。

4.5 变频器的维护

变频器使用环境的变化，如温度、湿度、烟雾等，以及变频器内部元器件老化等因素，可能会导致变频器发生各种故障。变频器内部电子电路中，有很多高低压的大容量电解电容器，长期使用会出现老化现象，维护时应特别注意。为了降低故障发生率，延长变频器使用寿命，存在贮、使用过程中必须对变频器进行维护检查。

4.5.1 维护注意事项

（1）只有受过专业训练的人才能拆卸变频器，并进行维修和器件更换。

（2）维修变频器后不要将金属等导电物遗漏在变频器内，否则有可能造成变频器损坏。

（3）进行维修检查前，为防止触电危险，需要首先确认以下几项：

①变频器已切断电源。

②主控制板充电指示灯熄灭。

③用万用表等确认直流母线间的电压已降到安全电压（DC36V 以下）。

④对长期不使用的变频器，通电时应使用调压器慢慢升高变频器的输入电压直至额定电压，否则有触电和爆炸危险。

4.5.2 日常检查与维护

日常检查与维护是保证变频器日常运行、及时发现隐患的重要手段，要严格按照使用说明手册规定的使用方法安装和操作变频器。日常检查与维护的主要内容包括：

（1）检查安装地点、环境是否异常。

（2）检查冷却风扇部分是否运转正常，有无异常声音。

（3）检查风机是否正常吹风。

（4）检查变频器、电动机、变压器及电抗器等是否过热有异味。

（5）检查电动机声音是否正常。

（6）检查变频器主电路和控制电路的电压是否正常。

（7）检查滤波电容是否漏液、开裂，是否出现异味、有安全阀脱出现象。

（8）检查操作面板显示部分是否正常，仪表指示是否正确，是否有振动或震荡等现象。

（9）检查控制按键和调节按钮是否失灵。

（10）检查变频器的周围环境是否符合标准规范，温度和湿度是否正常。

4.5.3 定期检查和维护

（1）根据使用情况，用户每 3~6 个月要对变频器进行一次定期检查。在定期检查时，应先停止运行，切断电源，再打开机壳进行检查。需要注意的是：即使切断了电源，主电路直流部分滤波电容器放点也需要时间，因此，必须待充电指示灯熄灭后，再用万用表等进行测量，至直流电压已降到安全电压（DC36V 以下）后再进行检查。

（2）定期清扫风机进风口、散热片和空气过滤器上的灰尘、赃物，使风路畅通。污损的地方可用抹布沾上中性化学试剂擦拭；用吸尘器吸去电路板、散热器、风道上的粉尘，保持变频器散热性能良好；用吹具吹去印制电路板上的积尘，检查各螺钉紧固件是否松动，特别是通电铜条的大电流连接螺钉，必须拧紧不得松动；查看绝缘物是否有腐蚀、过热、变色、变形的痕迹；用绝缘电阻表测绝缘电阻应在正常范围内，绝缘电阻表的电压要适当，一般使用 500V 绝缘电阻表，测量时要判别进线端压敏电阻是否动作，防止误判。注意：绝缘电阻表内有高压，禁止测量印刷电路板等弱电部分。

（3）变频器如果长时间不使用，要进行维护。电解电容间隔一段时间就通一次电，不能超过 3~6 个月不通电。新买来的变频器若已出厂 0.5~1.0 年，应进行充电试验，以使变频器主电路的电解电容器的特性得以恢复。充电时，应使用调压器慢慢升高变频器的输入电压直至额定电压，通电时间在 2h 以上，可不带负载让电容器恢复过来再使用。充电试验至少每年 1 次。

4.6 变频器器件的更换

变频器由多种部件组成，长期工作后一些部件的性能会逐渐降低、老化，这是变频器发生故障的主要原因。为了保证设备的长期正常运转，易损件到一定使用周期必须更换。主要易损件有冷却风扇、主电路滤波电解电容器等，其使用寿命与使用环境、日常保养密切相关。在通常情况下，冷却风扇使用寿命为3万~4万h。按变频器连续运行折算，2~3年就要更换1次风扇；电解电容器的使用寿命为4万~5万h，正常使用寿命为5年，建议每年定期检查电容容量1次，当其容量减少20%以上时应予以更换。此外，可以先参照易损件的使用寿命，再根据变频器的累计工作时间，确定正常更换年限。如果在检查时发现器件出现异常，应立即更换。在更换易损件时，应确保元件的型号、电气参数完全一致或非常接近。

在确定变频器故障点后，需对变频器解题拆除，并对元件进行清洁和更换。在拆除过程中，要记录好拆除顺序，及时对拆除的元件和连接线做好标记，以保证组装的准确性，提高工作效率。组装时，要按与拆除时相反的顺序对元件进行组装。大容器的变频器内部，即使是同一种元件，如逆变桥模块，因其所处桥臂的位置不同，其安装螺钉孔的位置也会截然不同。如果一步出现错误，下一步将无法进行，因此，组装时务必要谨慎，做到工完场尽。更换完故障件后，还需对整流桥、逆变桥、主电路等进行绝缘测试，合格后方可进行通电测试。变频器日常维护见表4.16，变频器定期检查项目见表4.17，需定期检查更换的元器件及参考更换时间表见4.18。

表4.16变频器日常维护

检查对象	检查内容	周期	检查方法	判断标准
运行环境	1. 温度、湿度 2. 尘埃、水及滴漏 3. 气体	随时	1. 温度计 2. 目视 3. 目视	1. 按规定变频器的运行温度应<50℃，当运行温度在40℃以上时，建议开盖运行 2. 无水漏痕迹 3. 无异味
变频器	1. 振动发热 2. 噪声	随时	1. 触摸外壳 2. 听	1. 振动平稳，风温合理 2. 无异样响声
电动机	1. 发热 2. 噪声	随时	1. 手触摸 2. 听觉	1、无发热异常 2. 噪声均匀
运行参数状态	1. 输出电流 2. 输出电压 3. 内部湿度	随时	1. 电流表 2. 电压表 3. 温度计	1. 在额定值范围内 2. 在额定值范围内 3. 升温小于35℃

表4.17变频器定期检查一览表

检查地点	检查项目	检查内容	检查方法	标准
主电路	公用	1. 紧固部件是否松动 2. 绝缘体是否有变形、裂纹、破损或由于过热老化而变色 3. 是否附有灰尘、污损	1. 拧紧 2. 目测 3. 目测	没有异常
	导体、导线	1. 导体由于过热是否有变色、变形现象 2. 导线绝缘是否有破裂、变色	1. 目测 2. 目测	没有异常
	端子座	是否有松动、损伤	拧紧目测	没有异常
	滤波电容器	1. 是否有漏液、变色、裂纹、外壳膨胀 2. 安全阀是否有显著膨胀 3. 按照需要检测静电容	1. 目测 2. 目测 3. 用静电电容测量仪	没有异常 静电容≥初始值×0.85
	电阻	1. 是否有由于过热引起的异味、绝缘裂纹 2. 是否有断线	1. 嗅、目测 2. 目测或卸开一端的连接，用万用表测量	没有异常 与标准电阻值的误差在±10%以内
	变压器、电抗器	是否有异常的嗡嗡声、异味	听、目测、嗅	没有异常
	接触器、继电器	1. 动作时是否有异常振动 2. 触点是否有虚焊	1. 听 2. 目测	没有异常
控制电路	控制电路板连接器	1. 紧固部件是否松动 2. 是否有异味、变色 3. 是否有裂缝、破损、变形、显著生锈 4. 电容器是否有漏液、变形痕迹	1. 拧紧 2. 嗅、目测 3. 目测 4. 目测	没有异常
冷却系统	冷却风扇	1. 是否有异常声音、振动 2. 紧固部件是否松动 3. 是否由于过热而变形	1. 听、目测、用手转一下（必须切断电源）	平稳旋转 没有异常

		2. 拧紧 3. 目测	
通风道	散热片、给排气口的间隙是否有异物堵塞	目测	没有异物

表4.18需定期检查更换的元器件及参考更换时间

名称	参考更换时间	更换方法
冷却风扇	2~3年	更换为新品
平滑电容	5年	更换为新品
熔断器	10年	更换为新品
印制电路板上的电解电容	5年	更换为新品 （检查决定）
定时器		检查动作时间决定

4.7 变频器的维修

4.7.1 事故处理

变频器在运行中出现跳闸，即视为事故。跳闸事故的原因通常有以下四种类型：

（1）电源故障 如电源瞬间断电、电压降至出现“欠电压”显示或瞬时过电压至出现“过电压”显示，都会引起变频器跳闸停机。待电源恢复正常后即可重新启动。

（2）外部故障 如输入信号断路，输出线路开路、断相、短路、接地或绝缘电阻过低，电动机故障或过载等，变频器都会显示外部故障而跳闸停机，故障排除后，即可重新启动。

（3）内部故障 如内部风扇短路或过热，熔断器断路，器件过载，存储器错误CPU故障等，均属内部故障，可切入工频起动运行，不致影响生产。待内部故障排除后，即可恢复变频器起动运行。

（4）设置不当 当参数设置后，空载试验正常，加载后出现过电流跳闸，可能是起动转矩设置不够或加速时间不足；也有的运行一段时间后，转动惯量减小，导致减速时过电压跳闸，适当增大加速时间便可解决。

4.7.2 冗余措施

应用计算机往往采用冗余措施，即双保险措施，应用变频器也是如此。

（1）工频/变频切换措施 变频器设备出现故障时，可及时切换到工频常规运行，不至于影响生产。通用型低压变频器普遍采用综合故障报警方式，即变频器内部故障与外部故障报警信号不能区分给出，如采用自动切换方式，则因外部故障切换到工频后，将导致外部故障进一步扩大。如因电动机绝缘电阻下降引起故障报警输出，若自动切入工频，就会烧毁电动机。所以采取从显示屏上识别内外故障人工切换方式。

（2）自动/手动切换方式 对于闭环控制系统，可设置这一措施，以备一旦微机或PLC等出现故障，及时离线实施手动模拟调速控制，即可维持生产。

4.7.3 应急检修

变频器一旦发生内部故障，如在保修期内，则通知厂家或厂家代理负责维修。根据故障显示的类别和数据进行下列检查：

（1）打开机箱后，首先观察内部有无断线、虚焊、焦味或变质变形的元器件，如有则及时处理。

（2）用万用表检测电阻、二极管、功率开关管及模块通断电阻，判断是否开断或击穿。如有，则按原标称值和耐压值更换，或用同类型的代替。

（3）用双踪示波器检测各工作点波形，采用逐级排除法判断故障位置和元器件。

在检修中应注意的问题：

①严防虚焊、虚连、错焊、连焊，或错接线。特别是不可把电源线误接到输出端。

②注意通电静态检查指示灯、数码管和显示屏是否正常，预置数据是否适当。

③有条件者，可用一小电动机进行模拟动态试验。

4.8 变频器故障的常用检测方法

变频器在日常维护过程中，经常遇到各种各样的问题，如外围线路问题、参数设定不良或机械故障。如果是变频器出现故障，如何去判断是哪一部分问题，在这里简单介绍。

（1）过电流保护动作是一类常见的故障。若重新起动时，一升速就跳闸，这是过电流十分严重的表现。主要原因有：负载侧断路；工作机械卡住；逆变器损坏；电动机的起动转矩过小，拖动系统转不起来。若重新起动时并不立即跳闸，而是在运行过程（包括升速和降速运行）中跳闸，则可能的原因有：升速时间设定太短；降速时间设定太短；转矩补偿（U/f比）设定较大，引起低频时空载电流过大；电子热继电器整定不当，动作电流设定得太小，引起误动作。

例如，西门子MM440变频器的“F0001”就是此故障类型，这种故障最大的可能原因是加速时间设置太低，则延长加速时间可以解决，加速中失速防止功能启用时，这个原因的可能性不大。输出侧向间或者对地短路。输出侧接触器动作逻辑错误、有冲击负载时变频器功率选择过小等是另外几个主要可能的原因。

（2）电动机过负载保护动作是变频器根据电动机温度模型对电动机实施的保护动作，例如西门子MM440的“F0011”属于这个故障类型。

（3）直流过电压保护动作是直流电压超过允许值时的保护动作，例如西门子MM440的“F0002”属于这个故障类型。

（4）直流欠电压保护动作是直流电压低于下限引起的保护动作，例如西门子MM440的“F0003”属于这个故障类型。

（5）变频器超温保护是针对变频器自身的保护，检测散热片温度超过允许值时产生，例如西门子MM440的“F0004”属于这个故障类型。

故障检测常用方法如下。

4.8.1 静态测试

（1）测试整流电路 找到变频器内部直流电源的P端子和N端子，将万用表（电磁式）调到R×10档，红表笔接P端子，黑表笔分别依次接R、S、T，阻值大约为几十欧，且基本平衡。将黑表笔接P端子，红表笔分别依次接R、S、T，阻值接近于无穷大。将红表笔接N端子重复以上步骤，阻值仍接近无穷大。如果有以下结果，可以判定电路已出现异常，①阻值三相不平衡，说明整流桥故障。②红表笔接P端子时，三次阻值都接近无穷大，可以判定整流桥故障或起动电阻（限流电阻）出现故障。

（2）测试逆变电路 将红表笔接P端子，黑表笔分别接U、V、W，应该有几十欧的阻值，且各项阻值基本相同，交换表笔后应该为无穷大。将黑表笔接N端子，重复以上步骤阻值仍接近无穷大。否则可确定逆变模块故障。

4.8.2 动态测试

在静止状态结果正常以后，才可进行动态测试，即上电试机。在上电前后必须注意以下几点：

（1）上电之前，须确认输入电压是否有误，将380V电源接入220V级变频器之中会出现炸机（炸电容、压敏电阻、模块等）。

（2）检查变频器各接口是否已正确连接，连接是否有松动，连接异常有时可能导致变频器出现故障，严重时会出现炸机等情况。

（3）上电后检测故障显示内容，并初步判定故障及原因。

（4）如未显示故障，首先检查参数是否有异常，并将参数复归后，在空载（不接电动机）情况下起动变频器，并测试U、V、W三相输出电压值，如出现断相、三相不平衡等情况，则模块或驱动板等有故障。

（5）在输出电压正常（无断相、三相平衡）的情况下，带载测试。测试时，最好是满负载测试。

4.8.3 故障判断

（1）整流模块损坏 一般是由于电网电压过高或内部短路引起。在排除内部短路情况下，更换整流桥。在现场处理故障时，应重点检查用户电网情况。

（2）逆变模块损坏 一般是由于电动机或电缆损坏及驱动电路故障引起。在修复驱动电路之后，测得驱动波形良好的状态下，更换模块。在现场服务中更换驱动板之后，还必须注意检查电动机及连接电缆，在确定无任何故障后，才可运行变频器。

（3）上电无显示 一般是由于开关电源损坏或软充电电路损坏导致直流电路无直流电引起。

（4）上电后显示过电压或欠电压 一般是由于输入断相、电路老化或电路板受潮引起。找出故障点，更换损坏的器件。

（5）上电后显示过电流或接地短路 一般是由于电流电测电路损坏引起，如霍尔元件、运算放大器等。

（6）起动显示过电流 一般是由于驱动电路或逆变模块损坏引起。

（7）空载输出电压正常，带载后显示过载或过电流 一般是由于参数设置不当或驱动电路老化、模块损伤引起。

第五章 变频器与 PLC 在典型控制系统中的应用

5.1 基于 PLC 控制方式的外部端子点动控制

（1）任务目的

了解变频器外部控制端子的功能，掌握外部运行模式下变频器的操作方法，掌握变频器外部端子点动控制技术，熟悉点动控制的参数设置方法，熟悉变频器与 PLC 的硬件接线方式，熟悉 PLC 的编程。

（2）任务内容

控制要求

用 PLC 和变频器实现电动机正向点动和反向点动。要求正向点动频率 20Hz，反向点动频率 10Hz。斜坡上升时间 6s，斜坡下降时间 10s。正确设置变频器输出的额定频率、额定电压、额定电流、额定功率、额定转速。运用操作面板改变电机启动的点动运行频率和加减速时间。

变频器与 PLC 外部端子点动控制接线图

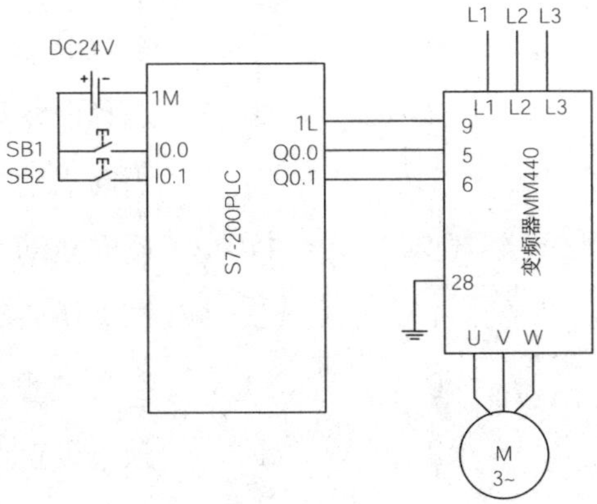

图 5.1 变频器与 PLC 点动控制接线图

SB1 正向点动按钮，SB2 反向点动按钮，Q0.0 控制电机正转，Q0.1 控制电机反转，按下按钮，电机转动，松开按钮电机停止转动。

PLC 的输出点 Q0.0 与变频器的端子 5 连接，控制电机正向点动。PLC 的输出点

Q0.1 与变频器的端子 6 连接，控制电机反向点动。PLC 的输出公共端 1L 与变频器的 24V 输出端 9 连接。

变频器参数设置

表 5.1 点动控制变频器参数设置

序号	变频器参数	出厂值	设定值	功能说明
1	P10	0	30	工厂设置
2	P0970	0	1	参数复位
3	P10	0	1	快速调试
4	P100	0	0	功率 50Hz
5	P0304	230	380	电动机的额定电压(380V)
6	P0305	3.25	0.55	电动机的额定电流(0.35A)
7	P0307	0.75	0.75	电动机的额定功率(60W)
8	P0310	50.00	50.00	电动机的额定频率(50Hz)
9	P3900	0	1	结束快速调试
10	P10	0	0	准备
11	P0003	1	2	扩展访问级别
12	P0004	0	7	参数过滤
13	P700	2	2	选择命令源（由端子排输入）
14	P701	1	10	正向点动
15	P702	12	11	反向点动
16	P0003	1	2	扩展访问级别
17	P0004	0	10	参数过滤
18	P1000	2	1	频率设定选择 BOP
19	P1058	5.00	20.00	正向点动频率
20	P1059	5.00	10.00	反向点动频率
21	P1060	10.00	6.00	点动斜坡上升时间
22	P1061	10.00	10.00	点动斜坡下升时间

设置参数前先将变频器参数复位为工厂的缺省设定值，设定 P0003=2 允许访问扩展参数，设定电机参数时先设定 P0010=1(快速调试)，电机参数设置完成设定 P0010=0。运用面板改变变频器的正向点动和反向点动频率，使电动机升速或降速运行。

PLC 梯形图设计

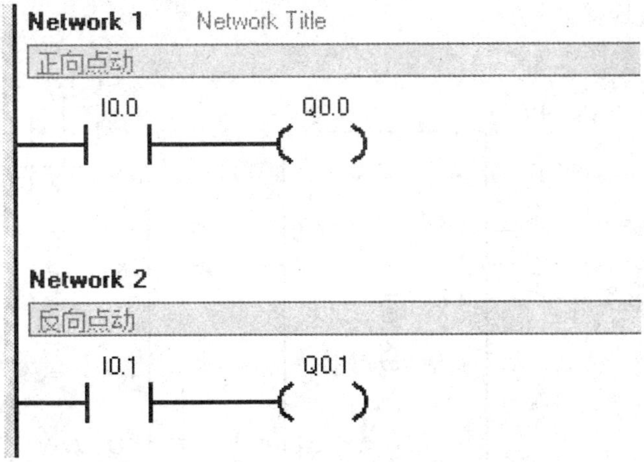

图 5.2 点动控制 PLC 梯形图

5.2 基于 PLC 控制方式的外部端子正反转连续运行控制

（1）任务目的

了解变频器外部控制端子的功能，掌握外部运行模式下变频器的操作方法，掌握变频器外部端子正反转连续运行控制技术，熟悉正反转连续运行控制的参数设置方法，熟悉变频器与 PLC 的硬件接线方式，熟悉 PLC 的编程。

（2）任务内容

控制要求

用 PLC 和变频器实现电动机正转连续运行和反转连续运行。要求变频器初始输出频率为 10Hz，并可通过面板的上下按键调整变频器输出频率，改变电机的正向连续运行速度和反向运行速度，运用操作面板改变电机启动的运行频率和加减速时间。

变频器与 PLC 外部端子正反转连续运行控制接线图

SB1 正转按钮，SB2 反转按钮，SB3 停止按钮，Q0.0 控制电机正转，Q0.1 控制电机反转，按下按钮，电机运行，按下停止按钮电机停止转动。

PLC 的输出点 Q0.0 与变频器的端子 5 连接，控制电机正向运行。PLC 的输出点 Q0.1 与变频器的端子 6 连接，控制电机反向运行。PLC 的输出公共端 1L 与变频器的 24V 输出端 9 连接。

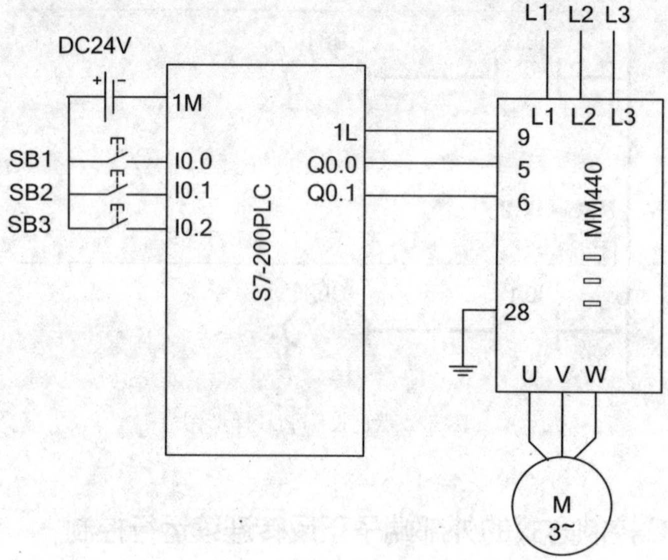

图 5.3 变频器与 PLC 连续运行控制接线图

变频器参数设置

表 5.2 连续运行控制变频器参数设置

序号	变频器参数	出厂值	设定值	功能说明
1	P10	0	30	工厂设置
2	P0970	0	1	参数复位
3	P10	0	1	快速调试
4	P100	0	0	功率 50Hz
5	P0304	230	380	电动机的额定电压(380V)
6	P0305	3.25	0.55	电动机的额定电流(0.35A)

续表

7	P0307	0.75	0.75	电动机的额定功率(60W)
8	P0310	50.00	50.00	电动机的额定频率(50Hz)
9	P3900	0	1	结束快速调试
10	P10	0	0	准备
11	P0003	1	2	扩展访问级别
12	P0004	0	7	参数过滤
13	P700	2	2	选择命令源（由端子排输入）
14	P701	1	1	正传/停车命令
15	P702	12	2	反转
16	P0003	1	2	扩展访问级别
17	P0004	0	10	参数过滤
18	P1000	2	1	选择频率设定 BOP 方式
19	P1040	5.00	10.00	MOP 的设定值
20	P1080	0.00	0.00	允许最小频率
21	P1082	50.00	50.00	允许最大频率
22	P1120	10.00	10.00	斜坡上升时间
23	P1121	10.00	10.00	斜坡下升时间

设置参数前先将变频器参数复位为工厂的缺省设定值，设定 P0003=2 允许访问扩展参数，设定电机参数时先设定 P0010=1(快速调试)，电机参数设置完成设定 P0010=0。运用面板设置变频器的初始正反转输出频率，通过面板上下按键，调整变频器输出频率，进而改变电机正反转运行速度。

PLC 梯形图设计

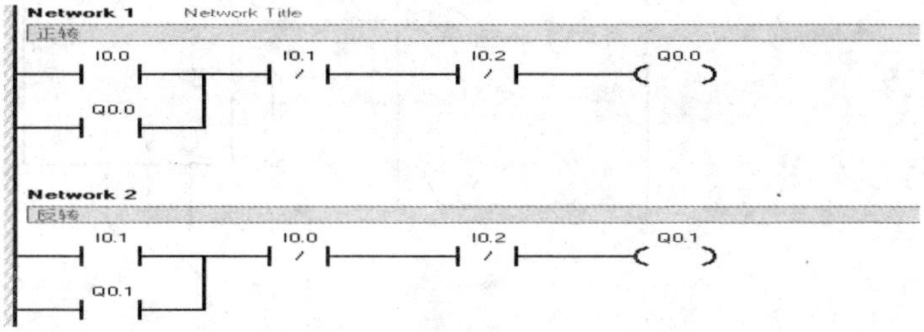

图 5.4 连续运行控制 PLC 梯形图

5.3 基于 PLC 控制方式的多段速调速控制

（1）任务目的

了解变频器外部控制端子的功能，掌握外部运行模式下变频器的操作方法，熟悉 PLC 的编程。

（2）任务内容

控制要求正确设置变频器输出的额定频率、额定电压、额定电流、额定功率、额定转速。通过 PLC 控制变频器外部端子。打开开关 K5 变频器每过一段时间自动变换一种输出频率，关闭开关 K5 电机停止；开关 K1、K2、K3、K4 按不同的方式组合，可选择 15 种不同的输出频率。

变频器与 PLC 外部端子多段速控制接线图

开关 K5 控制电动机的启动和停止，开关 K1、K2、K3、K4 采用二进制编码方式，选择变频器的输出频率，开关闭合状态和输出频率对应见表 5.3。

PLC 的输出点 Q0.0、Q0.1、 Q0.2、Q0.3 分别于与变频器的端子 5、6、7、8 连接，控制变频器输出 15 段频率，PLC 的输出点 Q0.4 与变频器的端子 16 连接，控制电机的启动和停止。PLC 的输出公共端 1L 和 2L 与变频器的 24V 输出端 9 连接。

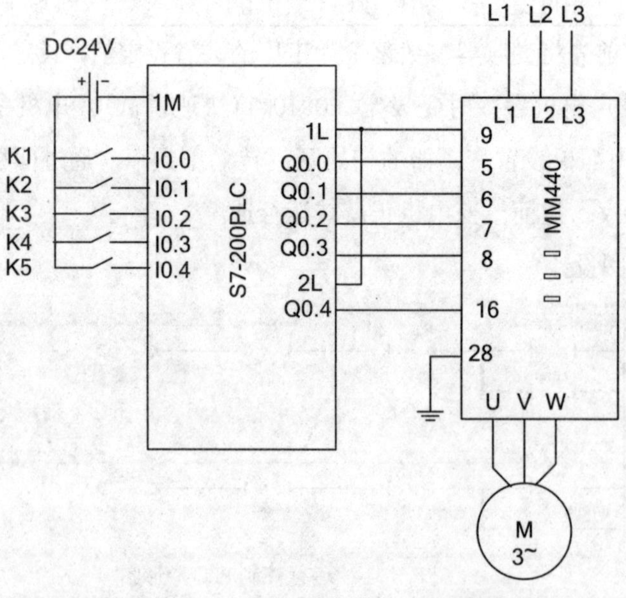

图 5.5 变频器与 PLC 多段速运行控制接线图

表 5.3 频率对应表

开关 K4	K3	K2	K1	输出频率
0	0	0	1	5 Hz
0	0	1	0	8 Hz
0	0	1	1	10 Hz
0	1	0	0	13 Hz
0	1	0	1	17 Hz
0	1	1	0	20 Hz
0	1	1	1	22 Hz
1	0	0	0	25 Hz
1	0	0	1	30 Hz
1	0	1	0	35 Hz
1	0	1	1	38 Hz
1	1	0	0	42 Hz
1	1	0	1	40 Hz
1	1	1	0	45 Hz
1	1	1	1	50 Hz

变频器参数设置

表 5.4 多段速运行控制变频器参数设置

序号	变频器参数	出厂值	设定值	功能说明
1	P10	0	30	工厂设置
2	P0970	0	1	参数复位
3	P10	0	1	快速调试
4	P100	0	0	功率 50Hz
5	P0304	230	380	电动机的额定电压（380V）
6	P0305	3.25	0.35	电动机的额定电流（0.35A）
7	P0307	0.75	0.06	电动机的额定功率（60W）

续表

8	P0310	50.00	50.00	电动机的额定频率（50Hz）
9	P10	0	0	准备
10	P0003	1	2	扩展访问级别
11	P0004	0	7	参数过滤
12	P0700	2	2	选择命令源（由端子排输入）
13	P0701	1	17	固定频率设值（二进制编码选择+ON 命令）
14	P0702	12	17	固定频率设值（二进制编码选择+ON 命令）
15	P0703	9	17	固定频率设值（二进制编码选择+ON 命令）
16	P0704	15	17	固定频率设值（二进制编码选择+ON 命令）
17	P0705	15	1	正传/停车命令
18	P0003	1	2	扩展访问级别
19	P0004	0	10	参数过滤
20	P1000	2	3	固定频率设定
21	P1080	0	0	电动机的最小频率（0Hz）
22	P1082	50	50.00	电动机的最大频率（50Hz）
23	P1120	10	10	斜坡上升时间（10s）
24	P1121	10	10	斜坡下降时间（10s）
25	P1001	0.00	5.00	固定频率 1
26	P1002	5.00	8.00	固定频率 2
27	P1003	10.00	10.00	固定频率 3
28	P1004	15.00	13.00	固定频率 4
29	P1005	20.00	17.00	固定频率 5
30	P1006	25.00	20.00	固定频率 6
31	P1007	30.00	22.00	固定频率 7
32	P1008	35.00	25.00	固定频率 8
33	P1009	40.00	30.00	固定频率 9

续表

34	P1010	45.00	35.00	固定频率 10
35	P1011	50.00	38.00	固定频率 11
36	P1012	55.00	42.00	固定频率 12
37	P1013	60.00	40.00	固定频率 13
38	P1014	65.00	45.00	固定频率 14
39	P1015	65.00	50.00	固定频率 15

设置参数前先将变频器参数复位为工厂的缺省设定值,设定 P0003=2 允许访问扩展参数,设定电机参数时先设定 P0010=1(快速调试),电机参数设置完成设定 P0010=0(准备)。

PLC 梯形图设计

输入端子 I0.4 闭合，电机启动，I0.0、I0.1、I0.2、I0.3、I0.4 按照表 5.3 所示，二进制编码方式选择输出频率。

调试步骤

① 检查实训设备中器材是否齐全。

② 按照变频器外部接线图完成变频器的接线，认真检查，确保正确无误。

③ 打开电源开关，按照参数功能表正确设置变频器参数。

④ 打开示例程序或用户自己编写的控制程序，进行编译，有错误时根据提示信息修改，直至无误，用 PC/PPI 通讯编程电缆连接计算机串口与 PLC 通讯口，打开 PLC 主机电源开关，下载程序至 PLC 中，下载完毕后将 PLC 的“RUN/STOP”开关拨至“RUN”状态。

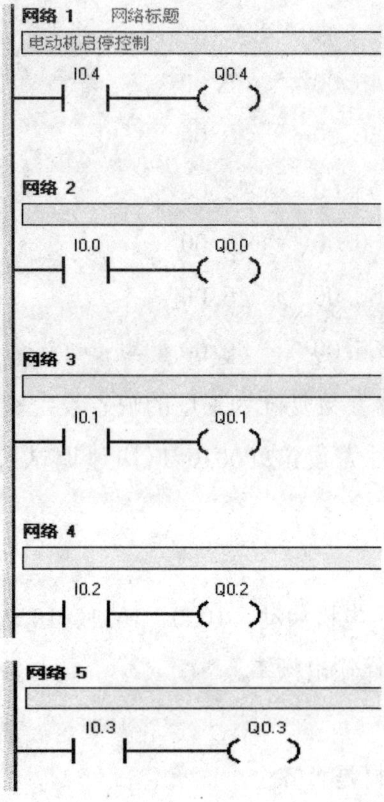

图 5.6 多段速运行控制 PLC 梯形图

（5）打开开关 K5，观察并记录电机的运转情况。

（6）关闭开关 K5，切换开关 K1、K2、K3、K4 的通断，观察并记录电机的运转情况。

5.4 基于 PLC 通信方式的多段速调速控制

5.4.1 概述

S7-200 与西门子 MicroMaster 系列变频器（如 MM440、MM420、MM430 以及 MM3 系列、新的变频器 SINAMICS G110 ）之间使用 USS 通信协议进行通信。通过 STEP7—Micro/WIN32 V3.2 以上版本指令库中的 USS 库指令，可简单方便地实现通信，控制实际驱动器和读取 / 写入驱动器参数。

USS 通信总是由主站发起，USS 主站不断循环轮询各个从站，从站根据收到的指令，决定是否以及如何响应。从站永远不会主动发送数据。从站在以下条件满足时应答：

（1）接收到的主站报文没有错误。

（2）本从站在接收到主站报文中被寻址 。

上述条件不满足，或者主站发出的是广播报文，从站不会做任何响应。对于主站来说，从站必须在接收到主站报文之后的一定时间内发回响应。否则主站将视为出错。

USS 协议的特点为：

（1）支持多点通信（因而可以应用在 RS 485 等网络上）。

（2）采用单主站的“主一从”访问机制。

（3）一个网络上最多可以有 32 个节点（最多 31 个从站）。

（4）简单可靠的报文格式，使数据传输灵活高效。

（5）容易实现，成本较低。

STEP 7—Micro/WIN USS 指令库提供 14 个子程序、3 个中断例行程序和 8 条指令，极大地简化了 USS 通信的开发和实现。使用 USS 指令库必须满足以下需求：

（1）初始化 USS 协议将端口 0 指定用于 USS 通讯。使用 USS_INIT 指令为端口 0 选择 USS 通信协议或 PPI 通信协议。选择 USS 协议与驱动器通讯后，端口 0 将不能用于其他任何操作，包括与 STEP 7—Micro/WIN 通讯。

（2）在使用 USS 协议通讯的程序开发过程中，应该使用带两个通讯端口的 S7—200 CPU 如 CPU226、CPU224XP 或 EM 277 PROFIBUS 模块（与计算机中 PROFIBUS CP 连接的 DP 模块）。这样第二个通讯端口可以用来在 USS 协议运时通过 STEP 7—Micro/WIN 监控应用程序。

（3）USS 指令影响与端口 0 上自由接口通讯相关的所有 SM 位置。

（4）USS 指令的变量要求一个 400 个字节 V 内存块。该内存块的起始地址由用户指定，保留用于 USS 变量。

（5）某些USS指令也要求有一个16个字节的通讯缓冲区。作为指令的参数，需要为该缓冲区在V内存中提供一个起始地址。建议为USS指令的每个实例指定一个独特的缓冲区。

5.4.2USS 通信报文传输格式

（1）字符帧格式：USS 的字符传输格式符合 UART 规范，即使用串行异步传输方式。USS 在串行数据总线上的字符传输帧为 11 位长度，包括：

表 5.5 字符帧格式

起始位	数据位								校验位	停止位
1	0 LSB	1	2	3	4	5	6	7 MSB	偶 X1	1

连续的字符帧组成 USS 报文。 在一条报文中，字符帧之间的间隔延时要小于两个字符帧的传输时间（当然这个时间取决于传输速率）。S7—200CPU 的自由口通信模式正好能够支持上述字符帧格式。

把 S7—200 的自由口定义为以上字符传输模式，就能通过编程，实现 USS 协议报文的发送和接收。主站控制器的所支持的通信模式必须和所要控制的驱动装置所要求的一致，这是实现 S7—200 和西门子驱动装置通信的基础。

（2）报文帧格式:协议的报文简洁可靠，高效灵活。报文由一连串的字符组成，协议中定义了它们的特定功能：

表 5.6 报文帧格式

STX	LEG	ADR	净数据区						BCC
			1.	2.	3.	4.	…	n	

以上每小格代表一个字符（字节）。含义如下：

STX：起始字符，总是 02h

LGE：报文长度

ADR：从站地址及报文类型

BCC：BCC 校验符

在 ADR 和 BCC 之间的数据字节，称为 USS 的净数据。主站和从站交换的数据都包括在每条报文的净数据区域内。

净数据区由 PKW 区和 PZD 区组成：

以上每小格代表一个字（两个字节），含义如下：

PKW：此区域用于读写参数值、参数定义或参数描述文本，并可修改和报告参数的改变 。其中：

PKE：参数 ID。包括代表主站指令和从站响应的信息，以及参数号等

IND：参数索引，主要用于与 PKE 配合定位参数

PWEm：参数值数据

PZD：此区域用于在主站和从站之间传递控制和过程数据。控制参数按设定好的固定格式在主、从站之间对应往返。如：

PZD1：主站发给从站的控制字/从站返回主站的状态字

PZD2：主站发给从站的给定/从站返回主站的实际反馈

PZDn：……

根据传输的数据类型和驱动装置的不同，PKW 和 PZD 区的数据长度都不是固定的，它们可以灵活改变以适应具体的需要。但是，在用于与控制器通信的自动控制任务时，网络上的所有节点都要按相同的设定工作，并且在整个工作过程中不能随意改变。

注意：

对于不同的驱动装置和工作模式，PKW 和 PZD 的长度可以按一定规律定义。一旦确定就不能在运行中随意改变。

PKW 可以访问所有对 USS 通信开放的参数；而 PZD 仅能访问特定的控制和过程数据。

PKW 在许多驱动装置中是作为后台任务处理，因此 PZD 的实时性要比 PKW 好。

5.4.3USS_INIT 指令

使用 USS 库指令前必须使用 USS_INIT 指令初始化 USS 通信参数。

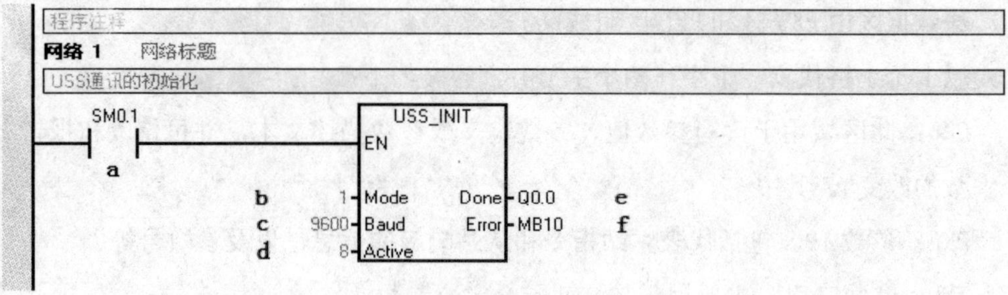

图 5.7 USS_INIT 指令

a. EN：初始化程序 USS_INIT 只需在程序中执行一个周期就能改变通信口的功能，以及进行其他一些必要的初始设置，因此可以使用 SM0.1 或者沿触发的接点调用 USS_INIT 指令；

b. Mode：模式选择，执行 USS_INIT 时，Mode 的状态决定是否在 Por 上使用 USS 通信功能；

0—恢复 Port0 为 PPI 从站模式

1—设置 Port0 为 USS 通信协议并进行相关初始化

c. Baud：USS 通信波特率，此参数要和变频器的参数设置一致。波特率的允许值为 2400、4800、9600、19200、38400、57600 或 115200bit/s。

d. Active：此参数决定网络上的哪些 USS 从站在通信中有效。

e. Done：初始化完成标志。

f. Error：初始化错误代码。

USS_INIT 子程序的 Active 参数用来表示网络上哪些 USS 从站要被主站访问，即在主站的轮询表中激活。网络上作为 USS 从站的驱动装置每个都有不同的 USS 协议地址，主站要访问的驱动装置，其地址必须在主站的轮询表中激活。USS_INIT 指令只用一个 32 位长的双字来映射 USS 从站有效地址表，Active 的无符号整数值就是它在指令输入端的取值。

表 5.7 USS_INIT 子程序的 Active 参数

位号	MSB 31	30	29	28	…	03	02	01	LSB 00
对应从站地址	31	30	29	28	…	3	2	1	0
从站激活标志	0	0	0	0	…	1	0	0	0
取16进制无符号整数值		0			…			8	
Active=	16#00000008								

在这个 32 位的双字中，每一位的位号表示 USS 从站的地址号；要在网络中激活某地址号的驱动装置，则需要把相应位号的位置设为二进制“1”，不需要激活 USS 从站，相应的位设置为“0”。最后对此双字取无符号整数就可以得出 Active 参数的取值。

在上面的例子中，使用站地址为 3 的 MM440 变频器，则须在位号为 03 的位单元格中填入二进制“1”。其他不需要激活的地址 对应的位设置为“0”。取整数，计算出的 Active 值为 00000008h，即 16#00000008，也等于十进制数 8。

5.4.5USS_CTRL 指令

USS_CTRL 指令用于对单个驱动装置进行运行控制。这个功能块利用了 USS 协议中的 PZD 数据传输，控制和反馈信号更新较快。

网络上的每一个激活的 USS 驱动装置从站，都要在程序中调用一个独占的 USS_CTRL 指令，而且只能调用一次。需要控制的驱动装置必须在 USS 初始化指令运行时定义为“激活”。

EN：使用 SM0.0 使能 USS_CTRL 指令。

RUN：驱动装置的启动/停止控制。0 为停车，1 为启动。此停车是按照驱动装置中设置的斜坡减速指电机停止。

OFF2:停车信号 2。此信号为“1”时，驱动装置将封锁主回路输出，电机自由停车。

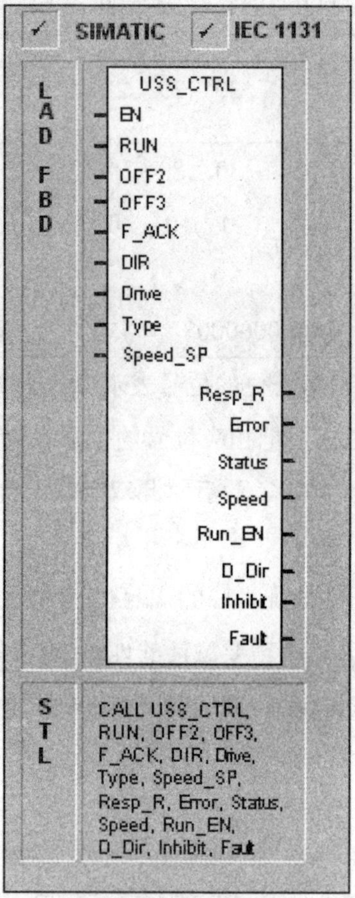

图 5.8 USS_CTRL 指令

OFF3:停车信号 3。此信号为“1”时，驱动装置将快速停车。

F_ACK：故障确认。当驱动装置发生故障后，将通过状态字向 USS 主站报告；如果造成故障的原因排除，可以使用此输入端清除驱动装置的报警状态，即复位。注意这是针对驱动装置的操作。

DIR：电机运转方向控制。其“0/1”状态决定运行方向

Drive：驱动装置在 USS 网络上的站号。从站必须先在初始化时激活才能进行控制。

Type：向 USS_CTRL 功能块指示驱动装置类型。

0—MM 3 系列，或更早的产品；

1—MM 4 系列，SINAMICS G 110。

Speed_SP：速度设定值。速度设定值必须是一个实数，给出的数值是变频器的频率范围百分比还是绝对的频率值取决于变频器中的参数设置（如 MM 440 的 P2009）。

Resp_R：从站应答确认信号。主站从USS从站收到有效的数据后，此位将为“1”一个程序扫描周期，表明以下的所有数据都是最新的。

k. Error：错误代码。0 = 无出错。

Status：驱动装置的状态字。此状态字直接来自驱动装置的状态字，表示了当时的实际运行状态，详细的状态字信息意义请参考相应的驱动装置手册。

Speed：驱动装置返回的实际运转速度值，实数。

Run_EN：运行模式反馈，表示驱动装置是运行（为 1）还是停止（为 0）

D_Dir：指示驱动装置的运转方向，反馈信号。

Inhibit：驱动装置禁止状态指示（0—未禁止，1—禁止状态）。禁止状态下驱动装置无法运行。要清除禁止状态，故障位必须复位，并且 RUN，OFF2 和 OFF3 都为 0。

Fault： 故障指示位（0—无故障，1—有故障）。表示驱动装置处于故障状态，驱动装置上会显示故障代码（如果有显示装置）。要复位故障报警状态，必须先消除引起故障的原因，然后用 F_ACK 或者驱动装置的端子，或操作面板复位故障状态。

此USS_CTRL 功能块使用了 PZD 数据读写机制，传输速度比较快。但由于它还是串行通信，而且还可能有多个从站需要轮询，因此无法做到“实时”响应。要实现高要求的快速通信，应该使用 PROFIBUS—DP 等网络，同时更换主站为更高级的控制器。也由于同样的原因，USS_CTRL 输入的控制信号需要一个合理的作用时间，以等待指令执行完成，过快速的变化可能会导致没有响应。

USS_CTRL 已经能完成基本的驱动装置控制，如果需要有更多的参数控制选项，可以选的USS 指令库中的参数读写指令实现。

5.4.6 USS 读/写参数指令

USS 指令库中共有 6 种参数读写功能块，分别用于读写驱动装置中不同规格的参数，如下表所示。

表 5.8 读写功能块

USS_RPM_W	读取无符号字参数	U16 格式
USS_RPM_D	读取无符号双字参数	U32 格式
USS_RPM_R	读取实数（浮点数）参数	Float 格式
USS_WPM_W	写入无符号字参数	U16 格式
USS_WPM_D	写入无符号双字参数	U32 格式
USS_WPM_R	写入实数（浮点数）参数	Float 格式

USS 参数读写指令采用与 USS_CTRL 功能块不同的数据传输方式。由于许多驱动装置把参数读写指令用到的 PKW 数据处理作为后台任务，参数读写的速度要比控制功能块慢一些。因此使用这些指令时需要更多的等待时间，并且在编程时要考虑到，进行相应的处理。

（1）读参数指令

以下的程序段读取实际的电动机电流值（参数 r0068）。由于此参数是一个实数，因此选用实型参数读功能块。

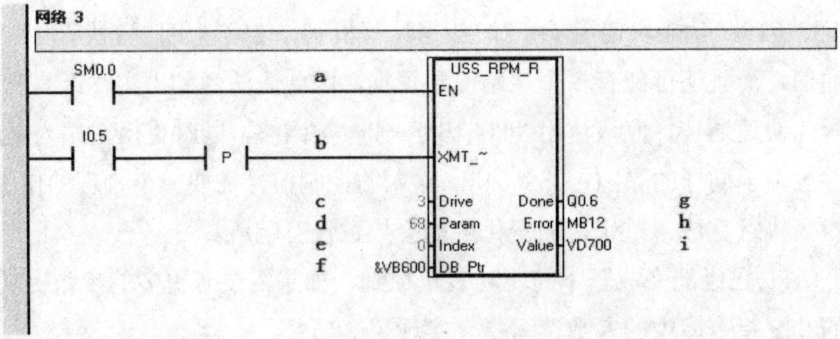

图 5.9 读参数指令

参数读写指令必须与参数的类型配合。

a. EN：要使能读写指令此输入端必须为 1。

b. XMT_REQ： 发送请求。必须使用一个沿检测触点以触发读操作，它前面的触发条件必须与 EN 端输入一致。

c. Drive：要读写参数的驱动装置在 USS 网络上的地址。

d. Param： 参数号（仅数字）。此处也可以是变量。

e. Index：参数下标。有些参数由多个带下标的参数组成一个参数组，下标用来指出具体的某个参数。对于没有下标的参数，可设置为 0。

f. DB_Ptr：读写指令需要一个 16 字节的数据缓冲区，用间接寻址形式给出一个起始地址。此数据缓冲区与“库存储区”不同，是每个指令（功能块）各自独立需要的。此数据缓冲区也不能与其他数据区重叠，各指令之间的数据缓冲区也不能冲突。

g. Done：读写功能完成标志位，读写完成后置 1 。

h. Error：出错代码。0 = 无错误。

i. Value：读出的数据值。要指定一个单独的数据存储单元。

EN 和 XMT_REQ 的触发条件必须同时有效，EN 必须持续到读写功能完成（Done 为 1），否则会出错。

（2）写参数指令

写参数指令的用法与读参数指令类似。与读参数指令的区别是参数是功能块的输入。

（3）读写多个参数

在任一时刻 USS 主站内只能有一个参数读写功能块有效，否则会出错。因此如果需要读写 多个参数（来自一个或多个驱动装置），必须在编程时进行读写指令之间的轮替处理。

5.4.7MM 440 变频器的参数设置

参数集是对驱动装置进行调试和控制的基础，几乎所有的功能都需要对驱动装置的内部参数进行访问、设定和修改。西门子驱动装置的参数功能更为突出，庞大繁多的参数选项，保证了西门子产品的高性能应用和极高的定制能力。

我们假定已经完成了驱动装置的基本参数设置和调试（如电机参数辨识等等），具体驱动装置的调试请参考相关产品的操作手册等资料。

以下只涉及与 S7—200 控制器连接相关的参数。MM 440 的参数分为几个访问级别，以便于过滤不需要查看的部分。与 S7—200 连接时，需要设置的主要有“控制源”和“设定源”两组参数。要设置此类参数，需要“专家”参数访问级别，即首先需要把 P0003 参数设置为 3。

1.控制源参数设置

控制命令控制驱动装置的启动、停止、正/反转等功能。控制源参数设置决定了驱动装置从何种途径接受控制信号。

控制源由参数 P0700 设置：

表 5.9 参数 P0700 设置

取值	功能说明
0	工厂缺省设置
1	BOP（操作键盘）控制
2	由端子排输入控制信号
4	BOP Link 上的 USS 控制
5	COMLink （端子 USS 接口）上的 USS 控制
6	BOP Link 上的 CB（通信接口板）控制

注：此参数有分组，在此仅设第一组即可，即 P0700[0]， 设定值=5。

2.设定源控制参数设置

设定值控制驱动装置的转速/频率等功能。设定源参数决定了驱动装置从哪里接受设定值（即给定）。

设置源由参数 P1000 设置：

P1000 设置：

表 5.10 参数 P1000 设置

取值	功能说明
0	无主设定
1	MOP 设定值
2	模拟量输入设定值
3	固定频率
4	BOP Link 上的 USS 设定
5	COMLink 上的 USS 设定
6	COMLink 上的 CB 设定
7	模拟量摄入 2 设定值

注：此参数有分组，在此仅设第一组即可，即 P1000[0]，设定值=5。

（3）USS 通信控制的参数设置

控制源和设定源之间可以自由组合，根据工艺要求可以灵活选用。我们以控制源和设定源都来自 COM Link 上的 USS 通信为例，简介 USS 通信的参数设置。

主要参数有：

P0700：设置 P0700[0] = 5，即控制源来自 COM Link 上的 USS 通信 。

P1000：设置 P1000[0] = 5，即设定源来自 COM Link 上的 USS 通信 。

P2009：决定是否对 COM Link 上的 USS 通信设定值规格化，即设定值将是运转频率的百分比形式，还是绝对频率值。

0 — 不规格化 USS 通信设定值，即设定为变频器中的频率设定范围的百分比形式。

1 — 对 USS 通信设定值进行规格化，即设定值为绝对的频率数值。

此处 P2009 的设定值=0 。

P2010： 设置 COM Link 上的 USS 通信速率。根据 S7—200 通信口的限制，支持的通信波特率有： 4-2400bit/s、5-4800bit/s、6-9600bit/s、7-19200bit/s、8-38400bit/s、9-57600bit/s、12-115200bit/s。

注：此设定值应和程序中的值一致，示例中设定值=6。

P2011： 设置 P2011[0] = 0 至 31，即驱动装置 COM Link 上的 USS 通信口在网络上的从站地址。网络上不能有任何两个从站的地址相同。

注：示例中设定值=3（与程序中的站地址相一致）

P2012： 设置 P2012[0] = 2，即 USSPZD 区长度为 2 个字长。

P2013： 设置 P2013[0] = 127，即 USSPKW 区的长度可变。

P2014： 设置 P2014[0] = 0 至 65535，即 COM Link 上的 USS 通信控制信号中断超时时间，单位为 ms。如设置为 0，则不进行此端口上的超时检查。

此通信控制信号中断，指的是接收到的对本装置有效通信报文之间的最大间隔。如果设定了超时时间，报文间隔超过此设定时间还没有接收到下一条信息，则会导致 F0072 错误，变频器将会停止运行。通信恢复后此故障才能被复位. 根据 USS 网络通信速率和站数的不同，此超时值会不同。如果要设定超时值，请参考相关表格，并选取一个适当的数值。

P0971： 设置 P0971 = 1，上述参数将保存入 MM 440 的 EEPROM 中。

USS 通信是由 S7—200 和驱动装置配合，因此相关参数一定要配合设置。如通信速率设置不一样，当然无法通信。

5.4.8 S7—200 USS 通信

（1）指令库的安装

Step7—Micro/Win 指令库光盘可直接从西门子订购，名称为 STEP 7—Micro/WIN Add—On: Instruction Library（STEP 7—Micro/WIN 附件：指令库），订购编号为 6ES7 830 2BC00 0YX0。Step7—Micro/Win 指令库光盘内包含了 USS 协议指令库和 Modbus 指令库，安装后可在 Step7—Micro/Win 中调用。

使用西门子指令库光盘安装指令库（本文以 Step7—Micro/Win V3.2 版的库安装文件为例）的步骤如下：

① 单击光盘的 Inst_Library_V11 下 “Setup.exe” 文件，在弹出的安装语言选择框中选择安装语言，单击 “确定” 按钮。

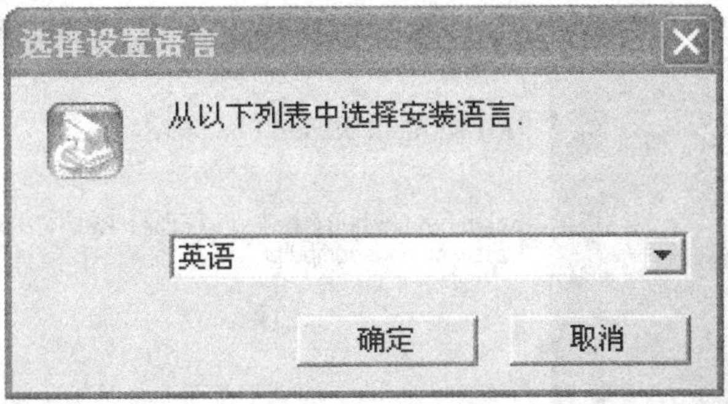

② 在欢迎页面中，单击“Next”按钮开始安装。

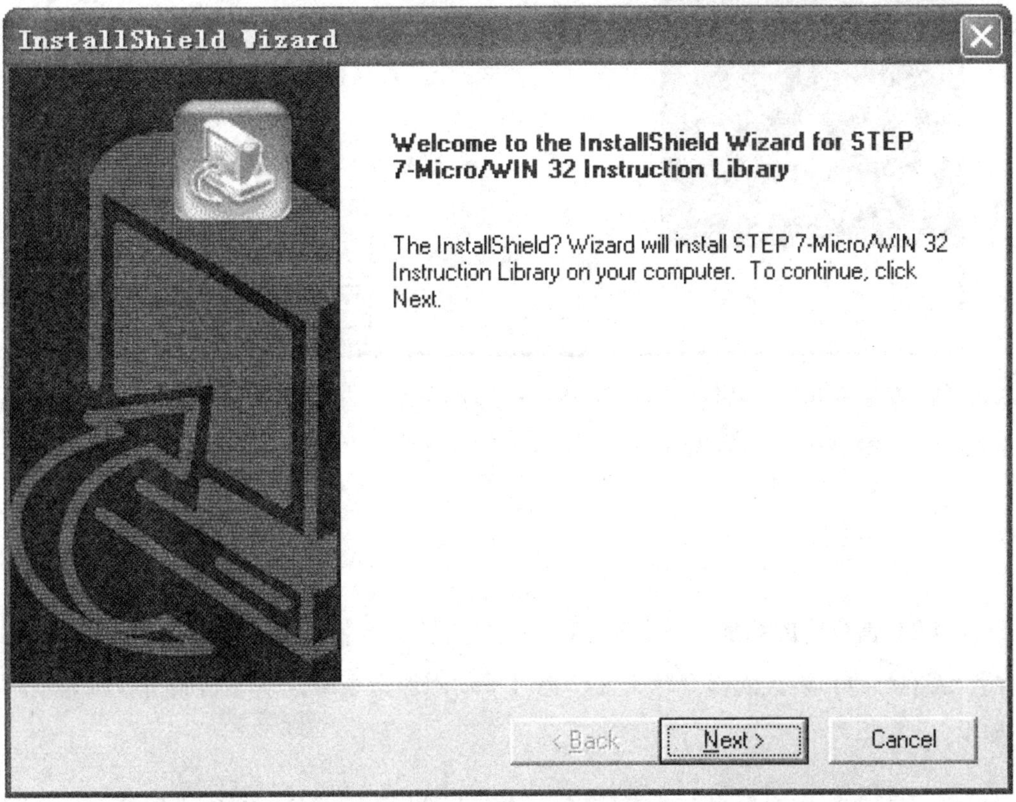

③ 安装完成后，单击“Finish”按钮结束安装，关闭安装程序。

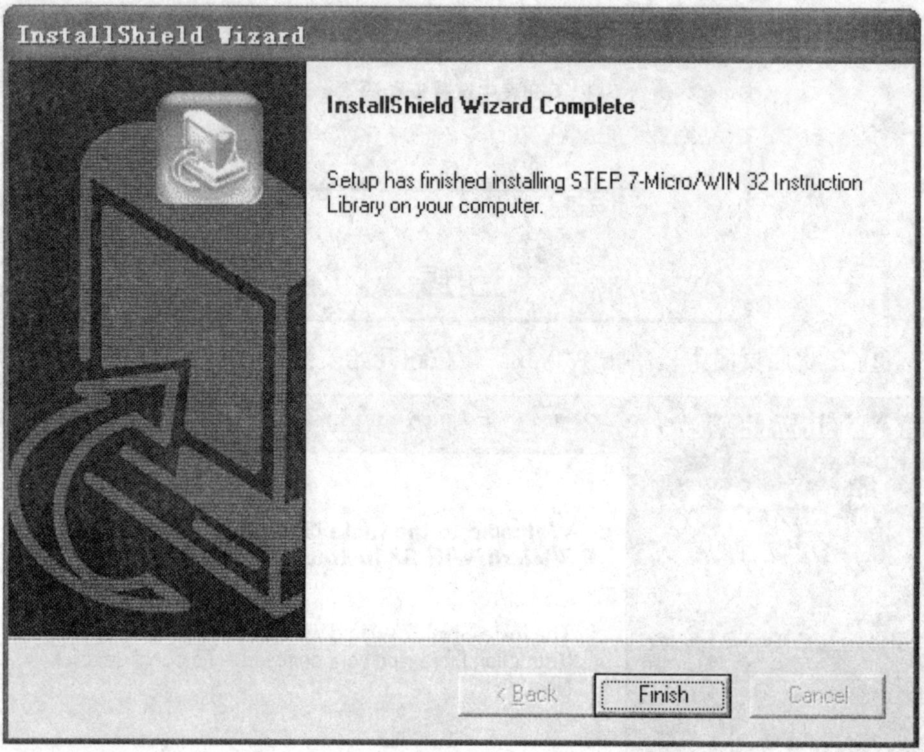

④ 安装完成后，启动 Step7—Micro/Win，在“指令树”>“库”项下可以发现多出了 USS 协议库和 Modbus 协议库。

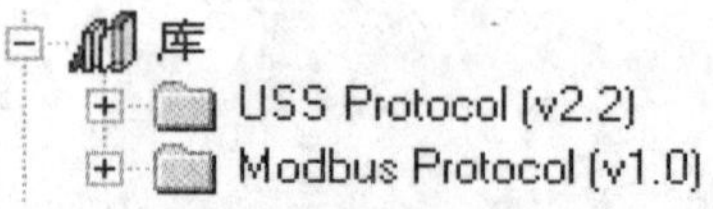

（2）指令库的添加

若有*.mwl 格式的指令库文件，也可手动添加指令库。手动添加指令库的步骤如下：

① 将指令库文件拷贝到“Step7—Micro/Win V4.0\lib”目录下。

② 在“指令树”>“库”项处单击右键菜单，执行菜单命令“添加/删除库”。

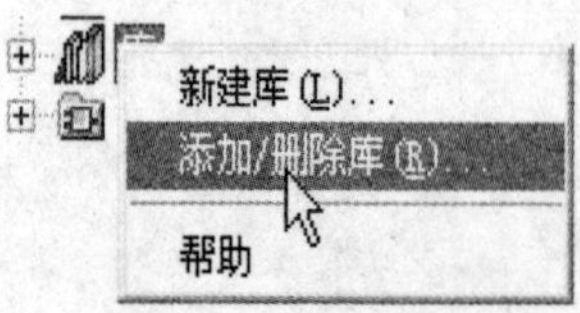

③ 在弹出的“添加/删除库”对话框中，单击“添加”按钮。

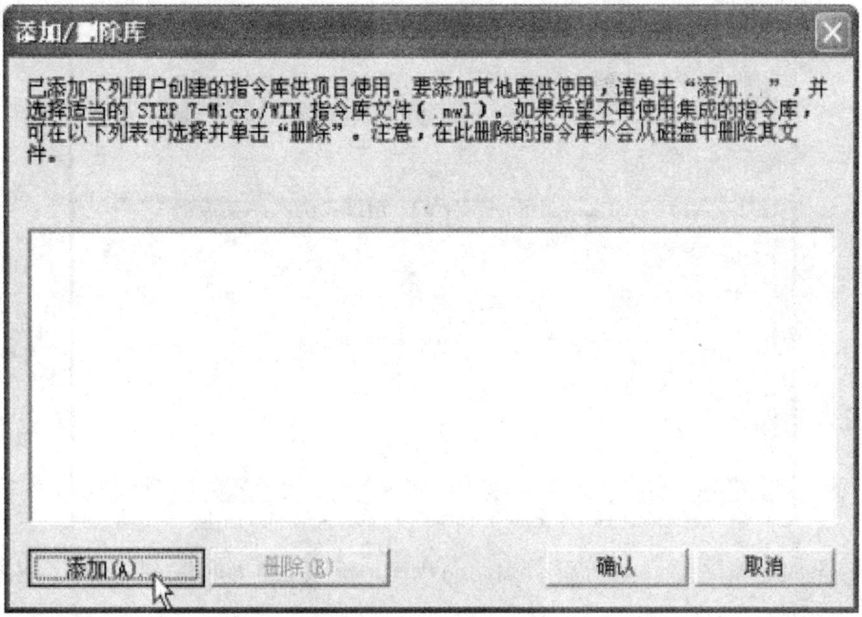

④ 双击选择要添加的库文件。

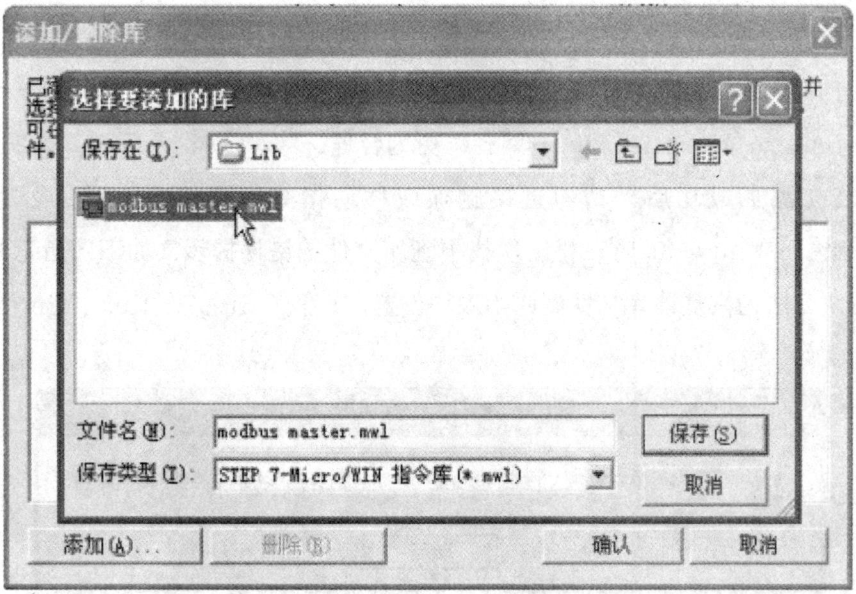

⑤ 单击 “确认” 按钮，确认添加刚才的选择库文件。

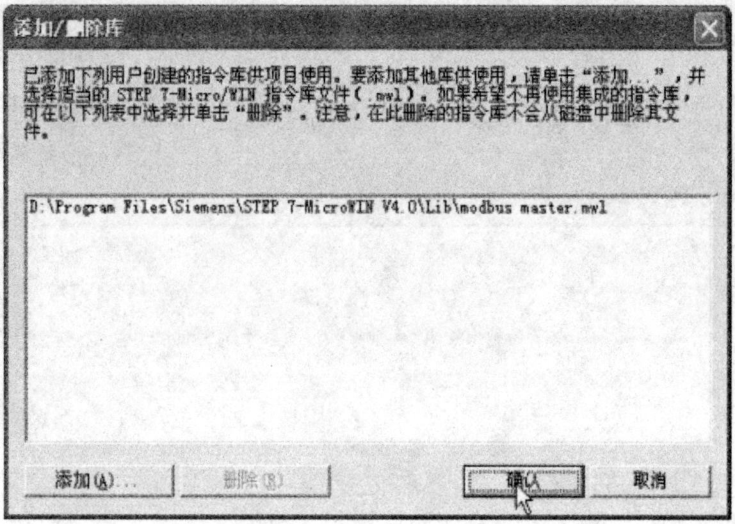

⑥ 添加完毕之后，重新启动 Micro/Win，会发现 “库” 中出现了刚才添加的库。

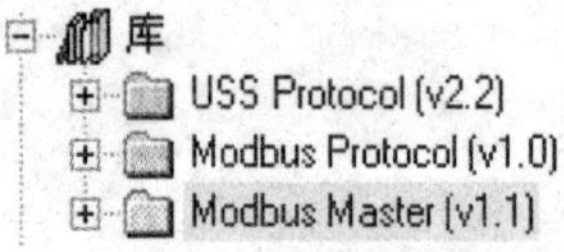

补充说明:

（1）指令库文件也可拷贝到其他路径，然而考虑到便于管理，统一拷贝到 “Step7-Micro/Win V4.0\lib” 路径下更为合理。

（2）添加成功后，请勿直接删除或移动指令库文件的位置，否则启动 Step7-Micro/Win V4.0 时，将出现找不到库文件的错误提示（如下图所示）。此错误解决方法为恢复该库文件到原始添加位置，或者在 Step7—Micro/Win V4.0 删除该库文件。

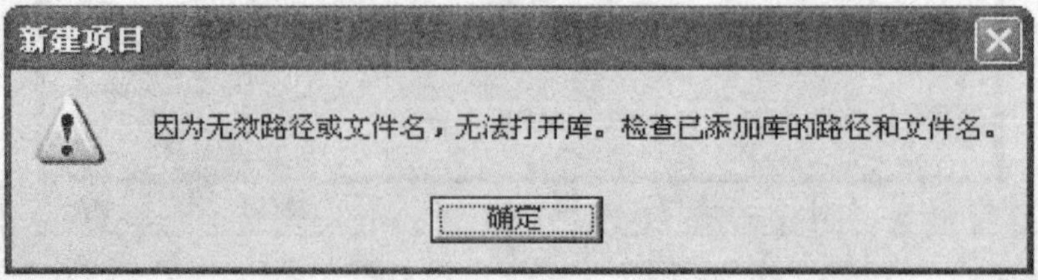

5.4.9 基于 PLC 通信方式的多段速调速设计

（1）任务目的

掌握 USS 通信指令的使用及编程，掌握变频器 USS 通讯系统的接线、调试、操作。

（2）任务要求

使电机在预期的时间段内按预设时间以不同组合的转速运行。

（3）变频器和 S7—200 驱动装置的通信接线

① S7—200 CPU 通信端口

在规划网络时，S7—200 CPU 既可以放在整个总线型网络的一端，也可以放在网络的中间。在 S7—200 CPU 通信口上使用西门子网络插头，可以利用插头上的终端和偏置电阻。如果使用带编程口的网络插头，可便于调试程序。可以发现：PROFIBUS 电缆的红色导线连接到 S7—200 CPU 通信口的 3 针（B 即 RS 485 信号 +），此信号应当连接到 MM 440 通信端口的 P+；绿色导线连接到 S7—200 CPU 通信口的 8 针（A 即 RS 485 信号-），此信号应当连接到 MM 440 通信端口的 N-。

② MM 440 通信端口

图 5.10 MM 440 通信端口

在 MM 440 前面板上的通信端口是 RS 485 端口。与 USS 通信有关的前面板端子有：

表 5.11 通信端口

端子号	名称	功能
1	—	电源输出 10V
2	—	电源输出 0V
29	P+	RS485 信号+
30	N+	RS485 信号-

因 MM 440 通信口是端子连接，故 PROFIBUS 电缆不需要网络插头，而是剥出线头直接压在端子上。如果还要连接下一个驱动装置，则两条电缆的同色芯线可以压在同一个端子内。PROFIBUS 电缆的红色芯线应当压入端子 29；绿色芯线应当连接到端子 30。

③ 示例接线图

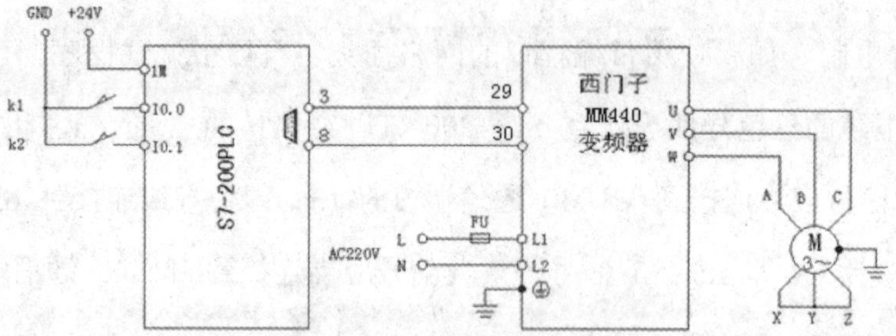

图 5.11 通信方式的多段速示例接线图

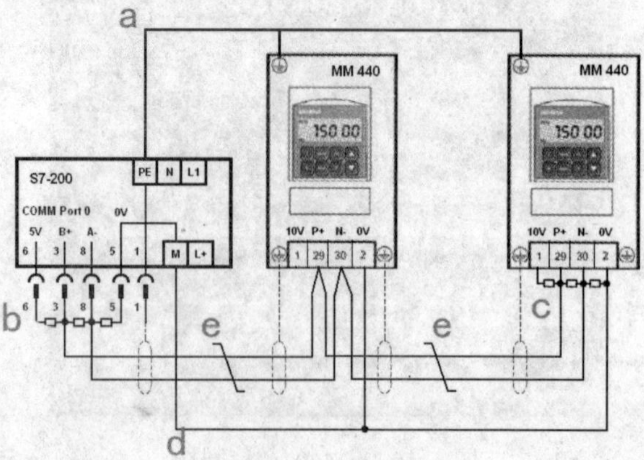

图 5.12 通信方式接线图

a. 屏蔽/保护接地母排，或可靠的多点接地。此连接对抑制干扰有重要意义。

b. PROFIBUS 网络插头，内置偏置和终端电阻。

c. MM 440 端的偏置和终端电阻，随包装提供。

d. 通信口的等电位连接。可以保护通信口不致因共模电压差损坏或通信中断。M 未必需要和 PE 连接。

e. 双绞屏蔽电缆（PROFIBUS）电缆，因是高速通信，电缆的屏蔽层须双端接地（接 PE）。

④ 接线注意事项：

以下几点对网络的性能有极为重要的影响。几乎所有网络通信质量方面的问题都与未考虑到下列事项有关：

a 偏置电阻用于在复杂的环境下确保通信线上的电平在总线未被驱动时保持稳定；终端电阻用于吸收网络上的反射信号。一个完善的总线型网络必须在两端接偏置和终端电阻。

b 通信口 M 的等电位连接建议单独采用较粗的导线，而不要使用 PROFIBUS 的屏蔽层，因为此连接上可能有较大的电流，以致通信中断。

c PROFIBUS 电缆的屏蔽层要尽量大面积接 PE。一个实用的做法是在靠近插头、接线端子处环剥外皮，用压箍将裸露的屏蔽层压紧在 PE 接地体上（如 PE 母排或良好接地的裸露金属安装板）。

d 通信线与动力线分开布线；紧贴金属板安装也能改善抗干扰能力。驱动装置的输入/输出端要尽量采用滤波装置，并使用屏蔽电缆。

（4）变频器参数设置

表 5.12 通信方式变频器参数设置

序号	变频器参数	出厂值	设定值	功能说明
1	P10	0	30	工厂设置
2	P0970	0	1	参数复位
3	P10	0	1	快速调试
4	P100	0	0	功率 50HZ

续表

5	P0304	230	380	电动机的额定电压（380V）
6	P0305	3.25	0.35	电动机的额定电流（0.35A）
7	P0307	0.75	0.06	电动机的额定功率（60W）
8	P0310	50.00	50.00	电动机的额定频率（50Hz）
9	P10	0	0	准备
10	P0003	1	3	扩展访问级别
11	P0004	0	0	参数过滤
12	P0700	2	5	COMLink 上的 USS 控制
13	P1000	2	5	COMLink 上的 USS 设定
14	P2009	0	0	USS 标称化
15	P2010	6	6	USS 波特率
16	P2011	0	18	USS 地址
17	P2012	2	2	USS PZD 的长度
18	P2013	127	127	USS PKW 的长度
19	P2014	0	10	USS 停止发报时间
20	P0971	0	1	从 RAM 到 EEPROM 的传输数据

（5）PLC 梯形图设计

USS 通信波特率采用 9600bit/s。

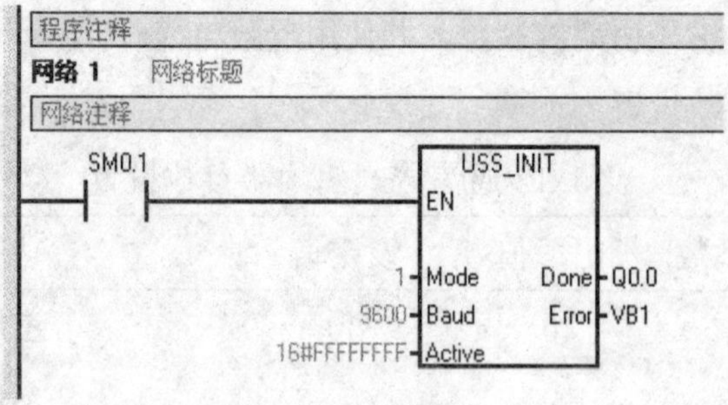

将 M10.0 位置 1，重置 M10.0 位。

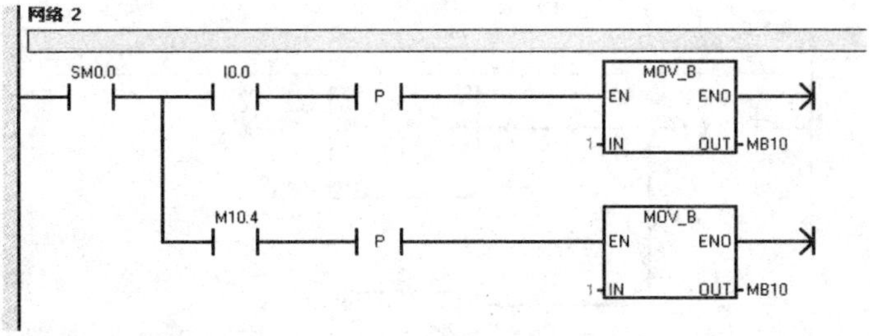

移位指令，依次在 10s 后将 M10.1 位置 1，25s 后将 M10.2 置 1、45s 后将 M10.3 置 1、60s 后将 M10.4 位置 1。

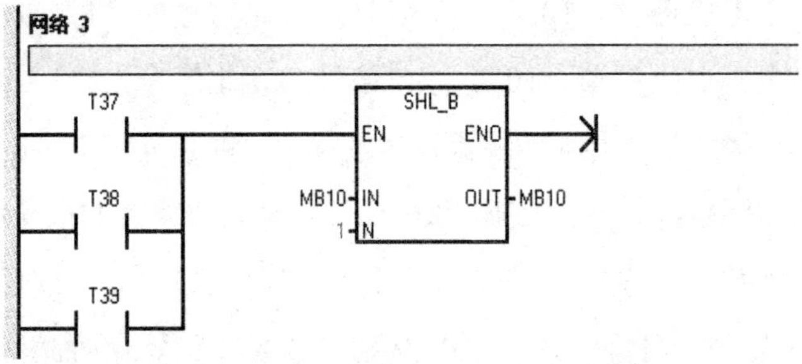

通过将数字 20 传送给 VD100，变频器输出额定速度的 20%。

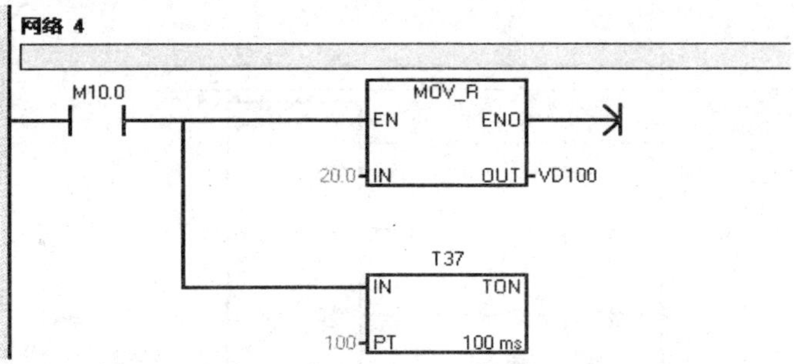

通过将数字 50 传送给 VD100，变频器输出额定速度的 50%。

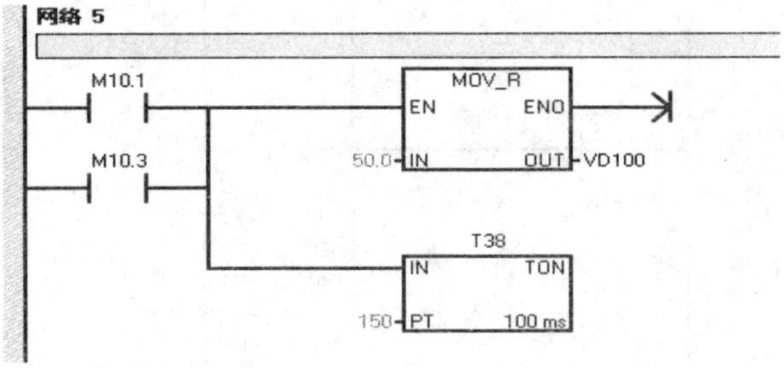

通过将数字 100 传送给 VD100，变频器输出额定速度的 100%。

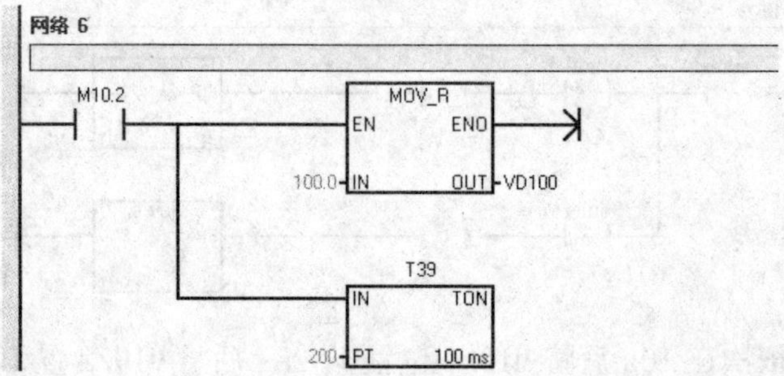

I0.1 变频器的启动/停止控制。0 为停车，1 为启动。此停车是按照驱动装置中设置的斜坡减速指电机停止。I0.2 停车信号 2。此信号为“1”时，驱动装置将封锁主回路输出，电机自由停车。I0.3 停车信号 3。此信号为“1”时，驱动装置将快速停车。I0.4 故障确认。当驱动装置发生故障后，将通过状态字向 USS 主站报告；如果造成故障的原因排除，可以使用此输入端清除驱动装置的报警状态，即复位。注意这是针对驱动装置的操作。I0.5 电机运转方向控制。其“0/1”状态决定运行方向，变频器在 USS 网络上的站号为 18。从站必须先在初始化时激活才能进行控制。Type 为 1 表示 MM4 系列变频器，Speed_SP 速度设定值由 VD100 决定。

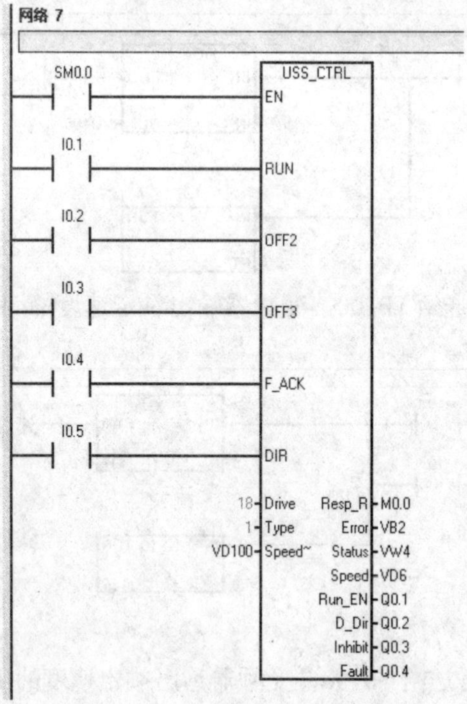

5.5 基于 PLC 模拟量方式的变频器调速设计

（1）任务目的

了解变频器外部控制端子的功能，掌握外部运行模式下变频器的操作方

（2）任务内容

任务要求正确设置变频器输出的额定频率、额定电压、额定电流、额定功率、额定转速。通过外部端子控制电机启动/停止。通过 PLC 模拟量输出来控制变频器的频率。

模拟量方式的变频器与 PLC 接线图

采用 PLC 模拟量扩展模块 EM235 输出与变频器的模拟量输入端连接，Q0.0 控制电机的启动停止，通过改变 PLC 模拟量输入端的电压，使得变频器输入端的电压也随着变化，从而改变变频器的输出频率。

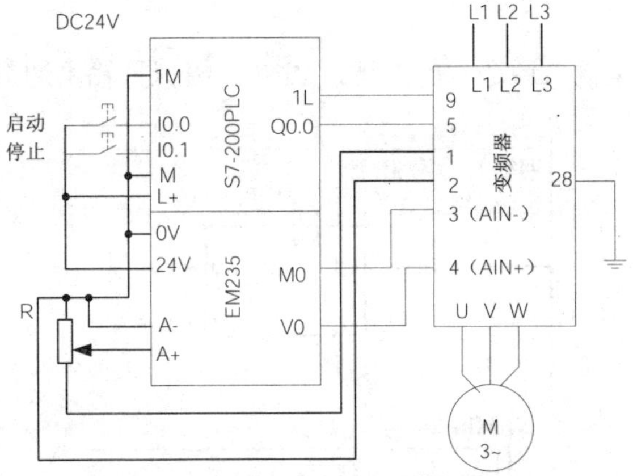

图 5.13 模拟量方式接线图

变频器参数设置

表 5.13 模拟量方式变频器参数设置

序号	变频器参数	出厂值	设定值	功能说明
(1)	P10	0	30	工厂设置
(2)	P0970	0	1	参数复位
(3)	P10	0	1	快速调试

续表

(4)	P100	0	0	功率 50Hz
(5)	P0304	230	380	电动机的额定电压（380V）
(6)	P0305	3.25	0.35	电动机的额定电流（0.35A）
(7)	P0307	0.75	0.06	电动机的额定功率（60W）
(8)	P0310	50.00	50.00	电动机的额定频率（50Hz）
(9)	P10	0	0	准备
(10)	P0003	1	3	扩展访问级别
(11)	P0004	0	0	参数过滤
(12)	P1000	2	2	模拟输入
(13)	P0700	2	2	选择命令源（由端子排输入）
(14)	P0701	1	1	ON/OFF(接通正转/停车命令 1)

PLC 梯形图

AIW0 为模拟量输入通道 0 的地址，AQW0 为模拟量输出通道的地址。

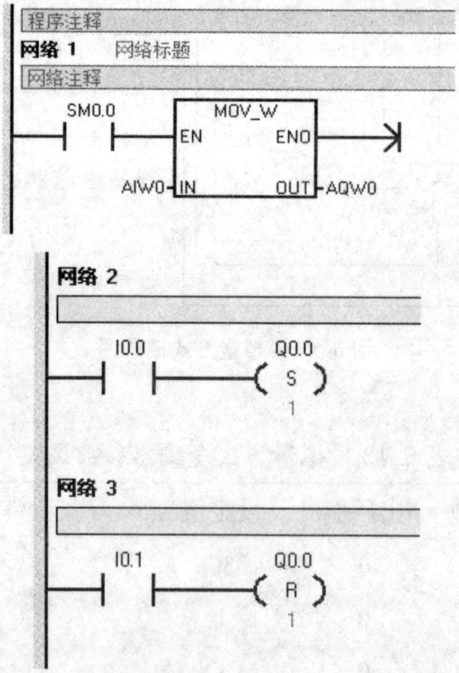

5.6 变频器在恒压供水系统中的应用

恒压供水是一种水利系统的供水方式。供水是国民生产生活中不可缺少的重要一环。传统供水方式占地面积大，水质易污染，基建投资多，而最主要的缺点是水压不能保持恒定，导致部分设备不能正常工作。

恒压供水能够保持供水压力的恒定，可使供水和用水之间保持平衡，即用水多时供水也多，用水少时供水也少，从而提高了供水的质量。

变频调速技术是一种新型成熟的交流电机无级调速技术，它以其独特优良的控制性能被广泛应用于速度控制领域，特别是供水行业中。由于安全生产和供水质量的特殊需要，对恒压供水压力有着严格的要求，因而变频调速技术得到了更加深入的应用。恒压供水方式技术先进、水压恒定、操作方便、运行可靠、节约电能、自动化程度高，在泵站供水中可完成以下功能：

（1）维持水压恒定；

（2）控制系统可手动/自动运行变频恒压供水控制柜

（3）多台泵自动切换运行；

（4）系统睡眠与唤醒，当外界停止用水时，系统处于睡眠状态，直至有用水需求时自动唤醒；

（5）在线调整 PID 参数；

（6）泵组及线路保护检测报警，信号显示等。

将管网的实际压力经反馈后与给定压力进行比较，当管网压力不足时，变频器增大输出频率，水泵转速加快，供水量增加，迫使管网压力上升。反之水泵转速减慢，供水量减小，管网压力下降，保持恒压供水。

系统采用压力传感器、PLC 和变频器作为中心控制装置，实现所需功能。 安装在管网干线上的压力传感器，用于检测管网的水压，将压力转化为 4～20 mA 的电流或者是 0～10V 的电压信号，提供给变频器。

变频器是水泵电机的控制设备，能按照水压恒定需要将 0～50 Hz 的频率信号供给水泵电机，调整其转速。

用户用水量一般是动态的，因此供水不足或供水过剩的情况时有发生。而用水和供水之间的不平衡集中反映在供水的压力上，即用水多而供水少，则压力低；用水少而供水多，则压力大。保持供水压力的恒定，可使供水和用水之间保持平衡，即用水多时供水也多，用水少时供水也少，从而提高了供水的质量。

恒压供水系统对于用户是非常重要的。在生产生活供水时，若自来水供水因故压力不足或短时断水，可能影响生活质量，严重时会影响生存安全，如发生火灾时，若供水压力不足或无水供应，不能迅速灭火，可能引起重大经济损失和人员伤亡。所以，用水区域采用正向恒压供水系统，能产生较大的经济效益和社会效益。

随着电力技术的发展，变频调速技术的日臻完善，以变频调速为核心的智能供水控制系统取代了以往高位水箱和压力罐等供水设备，起动平稳，起动电流可限制在额定电流以内，从而避免了起动时对电网的冲击；由于泵的平均转速降低了，从而可延长泵和阀门等东西的使用寿命；可以消除起动和停机时的水锤效应。其稳定安全的运行性能、简单方便的操作方式以及齐全周到的功能，将使供水实现节水、节电、节省人力，最终达到高效率的运行目的。

通常在同一路供水系统中，设置多台常用泵，供水量大时多台泵全开，供水量小时开一台或两台。在采用变频调速进行恒压供水时，就用两种方式，其一是所有水泵配用一台变频器；其二是每台水泵配用一台变频器。后种方法根据压力反馈信号，通过 PID 运算自动调整变频器输出频率，改变电动机转速，最终达到管网恒压的目的，就一个闭环回路，较简单，但成本高。前种方法成本低，性能不比后种差，但控制程序较复杂，是未来的发展方向，比如上海正艺科技的恒压供水控制系统就可实现一变频器控制任意数马达的功能。下面讲到的原理都是一变频器拖动多马达的系统。

恒压供水系统特点

（1）节电：优化的节能控制软件，使水泵实现最大限度地节能运行；

（2）节水：根据实际用水情况设定管网压力，自动控制水泵出水量，减少了水的跑、漏现象；

（3）运行可靠：由变频器实现泵的软起动，使水泵实现由工频到变频的无冲击切换，防止管网冲击、避免管网压力超限，管道破裂。

（4）联网功能：采用全中文工控组态软件，实时监控各个站点，如电机的电压、电流、工作频率、管网压力及流量等。并且能够累积每个站点的用电量，累积每台泵的出水量，同时提供各种形式的打印报表，以便分析统计。

（5）控制灵活：分段供水，定时供水，手动选择工作方式。

（6）自我保护功能完善：如某台泵出现故障，主动向上位机发出报警信息，同时启动备用泵，以维持供水平衡。万一自控系统出现故障，用户可以直接操作手动系统，以保护供水。

任务目的

掌握变频器模拟量的使用。

任务内容

某给水泵房安装一台给水泵，由一台变频器拖动，根据用水量的不同（此时给水管网压力不同），改变水泵转速，以保持管网压力的基本恒定。管网压力由两个电接点压力表来测量，压力分别设定在 P1 和 P2，当压力高于 P2 时，水泵工作频率为 30Hz，低于 P2 并高于 P1 时，水泵工作频率为 40Hz，当压力低于 P1 时，水泵工作频率为 50Hz；系统的启停用按钮控制，水泵电机的功率为 22kW，要求有必要的保护和指示。

根据任务分析，需要一台压力传感器，两个按钮开关 SB1，SB2，以及一个水泵工作指示灯 L1。

（1）恒压供水硬件接线图设计

由主要的工作要求以及系统的工作过程：系统需要外部扩展模拟输入/输出模块 EM235，1 台压力表，压力表的量程根据 P2 值选取，P2 位于表量程的三分之二左右，压力表输出选用 4mA-20mA 输出。压力表输出的两根线分别连接到模块 EM235 的模拟量输入端 A+，A-，模块 EM235 的模拟量输出端 V0 和 M0 分别连接到变频器 MM420 的 AIN+和 AIN-，模块 EM235 根据压力表值的变化，通过编程从 V0 端输出变化的数值给变频器的模拟量输入端，从而控制变频器从 U，V，W 端输出 0 到 50Hz 变化频率的电信号，控制水泵以不同的速度旋转。变频器电源需要熔断器 FU 保护，变频器的DIN1端需要与PLC输出端Q0.0端子相连，当Q0.0闭合时，变频器U，V，W端才有输出，当Q0.0断开时，即使变频器的AIN+和AIN-有输入，但是变频器U，V，W 端不会输出电压信号，因此变频器在采用模拟量输入方式时，需要外部端子DIN同时有输入开关信号，因此系统电路图如图5.14：

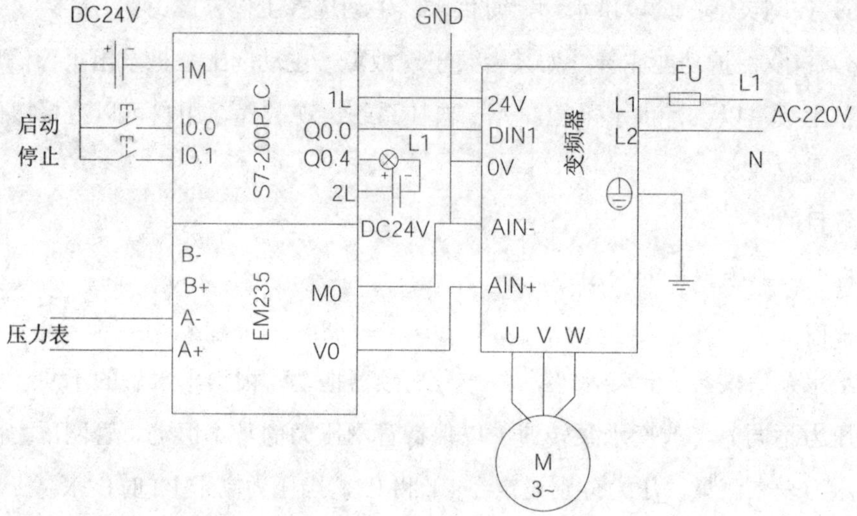

图5.14 恒压供水系统接线图

(2)变频器参数设置

表5.14 恒压供水系统变频器参数设置

序号	变频器参数	出厂值	设定值	功能说明
	P10	0	30	工厂设置
	P0970	0	1	参数复位
	P10	0	1	快速调试
	P100	0	0	功率50Hz
	P0304	230	380	电动机的额定电压(380V)
	P0305	3.25	0.35	电动机的额定电流(0.35A)
	P0307	0.75	0.06	电动机的额定功率(60W)
	P0310	50.00	50.00	电动机的额定频率(50Hz)
	P10	0	0	准备

续表

P0003	1	3	扩展访问级别
P0004	0	0	参数过滤
P1000	2	2	模拟输入
P0700	2	2	选择命令源（ 由端子排输入 ）
P0701	1	1	ON/OFF（接通正转/停车命令 1）

(3)PLC 控制系统软件设计

表 5.15 恒压供水系统 I/O 分配表

序号	PLC 地址（PLC 端子）	电气符号（面板端子）	功能说明
	I0.0	启动按钮	程序开始运行
	I0.1	停止按钮	程序开始运行
	Q0.0		运行信号
	A—		压力表输入负端
	A+		压力表输入正端
	V0		输出值

通过分析系统，系统要求管网压力基本恒定，设定了两个压力值 P1，P2，要求水泵转速随着压力值进行调整，水泵转速由变频器模拟量输出控制，假设压力值 P1=0.2Mpa，P2=0.5Mpa。选择压力表量程为 0~0.6 MPa。

当压力为 0 Mpa 时，二线制压力表输出为 4mA，经过 A/D 转换，模拟量采样值 AIW0 为（32000/20）*4=6400。

当压力为 0.2Mpa 时，二线制压力表输出为（0.2/0.6）*（20-4）+4=9.3 mA，经过 A/D 转换，模拟量采样值 AIW0 为（32000/20）*9.3=14880，

当压力为 0.5Mpa 时，二线制压力表输出为（0.5/0.6）*（20-4）+4=17.3 mA，经过 A/D 转换，模拟量采样值 AIW0 为（32000/20）*17.3=27680，

当压力值小于 P1 时，要求水泵以 50HZ 频率工作，变频器要求模拟量输入端 AIN+输入 10V 直流电压，因此 EM235 输出端 V0 输出 10V 电压，所以要求输出数据 AQW0

应赋值 32000。

当压力位于 P1，P2 之间时，要求水泵以 40HZ 频率工作，变频器要求模拟量输入端 AIN+输入（40/50）*10V=8V 直流电压，EM235 输出端 V0 输出 8V 电压，所以要求输出数据 AQW0 应赋值（40/50）* 32000=25600。

当压力值高于 P2 时，要求水泵以 30HZ 频率工作，变频器要求模拟量输入端 AIN+输入（30/50）*10V=6V 直流电压，因此 EM235 输出端 V0 输出 6V 电压，所以要求输出数据 AQW0 应赋值（30/50）* 32000=19200。

根据以上 AIW0 和 AQW0 参数值，设计梯形图如下：

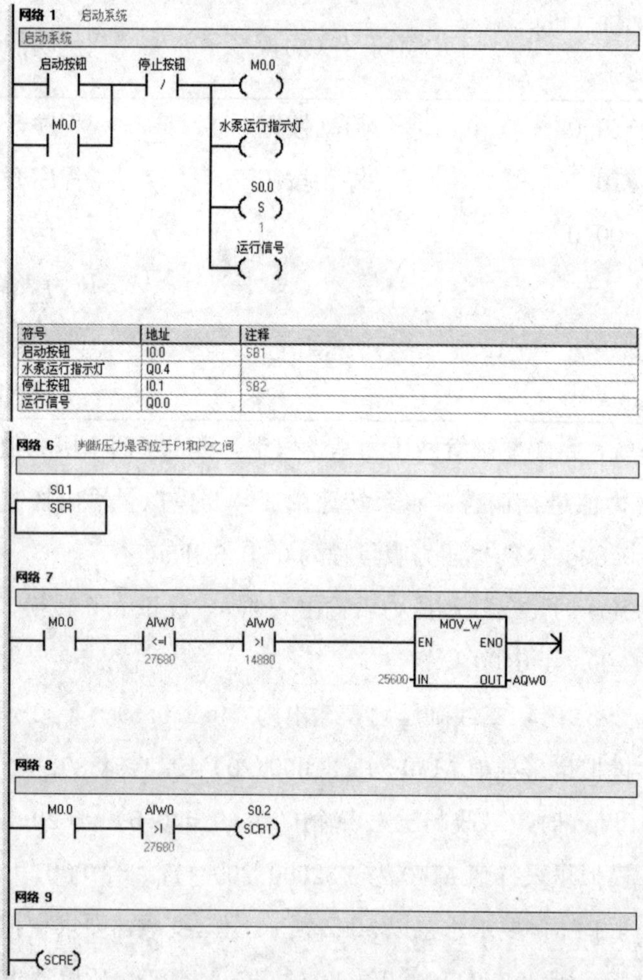

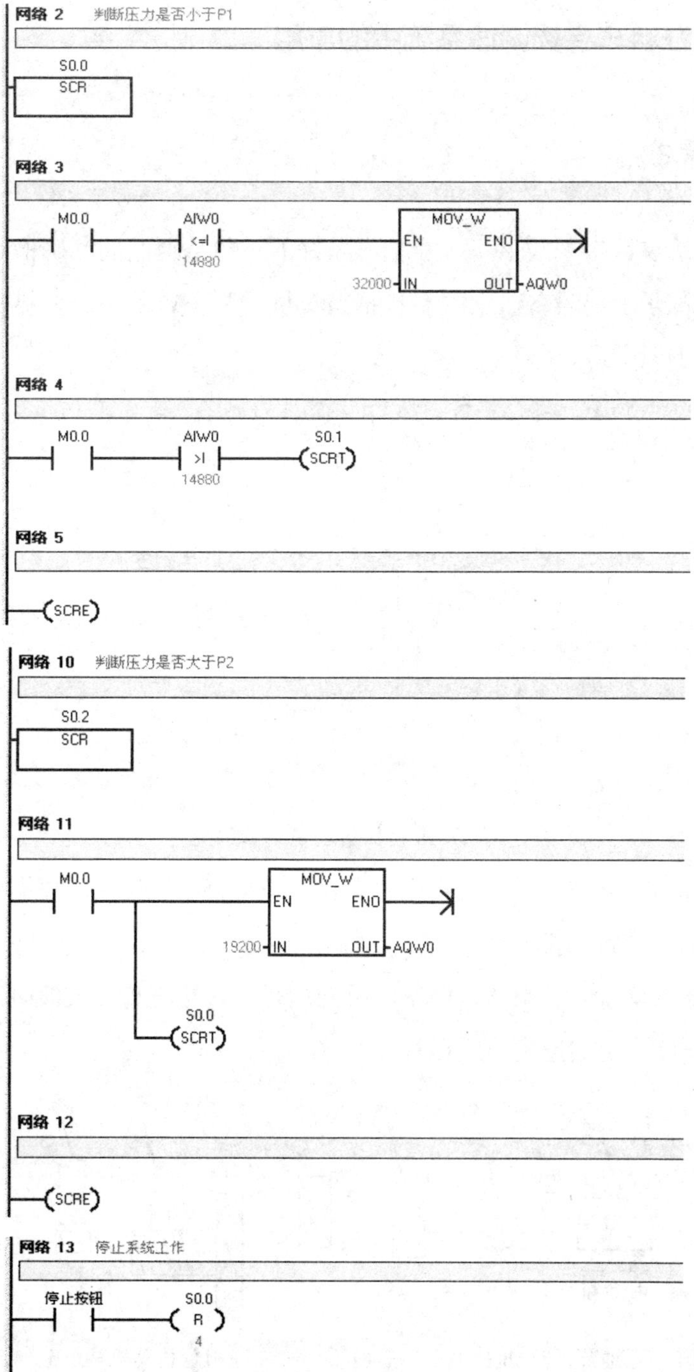

符号	地址	注释
停止按钮	I0.1	SB2

5.7 变频器在料车卷扬调速系统中的应用

5.7.1 系统概述

在冶金高炉炼铁生产线上，一般把准备好的炉料从地面的贮矿槽运送到炉顶的生产机械称为高炉上料设备。它主要包括料车坑、料车、斜桥、上料机。料车的机械传动系统如下图所示。

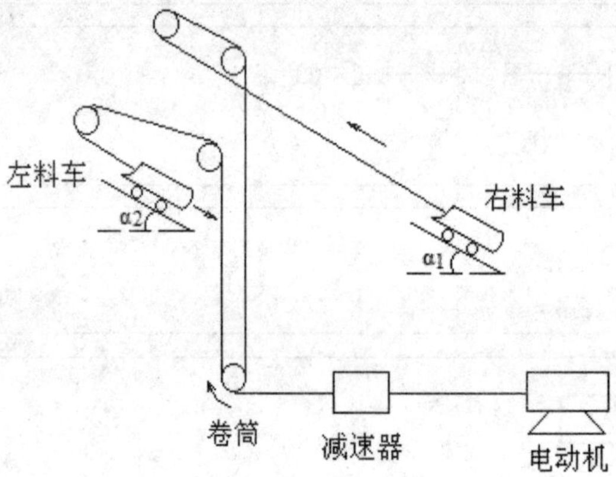

图 5.15 机械传动系统示意图

料车卷扬机是料车上料机的拖动设备，其结构如下图所示。根据料车的工作过程，卷扬机的工作特点主要有：

（1）能够频繁起动、制动、停车、反向运行，转速平稳，过渡时间短。

（2）能按照一定的速度曲线运行。

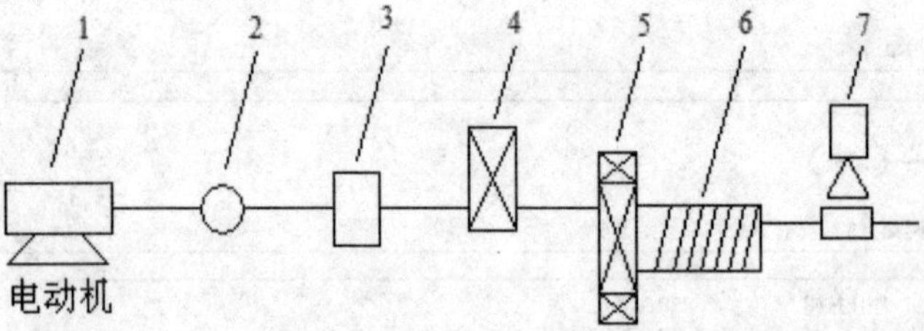

2-电动机，2—联轴节，3—抱闸，4—减速机，5—卷筒齿轮传动机构，6—卷筒，7—断电器

图 5.16 卷扬机拖动设备示意图

（3）调速范围广，一般调速范围为 0.5～3.5m/s，目前料车最大线速度可达 3.8 m/s。

（4）系统工作可靠。料车在进入曲线轨迹段和离开料坑时不能有高速冲击，终点位置能准确停车。

现假定有某钢铁厂 100m³ 高炉，电动机容量 37kW，转速 740r/min，卷筒直径 500mm，总减速比 15.75，最大钢绳速度 1.5m/s、料车全行程时间 40s 和钢绳全行程 51m 等。

料车运行分析：料车在斜桥上的运行分为起动、加速、稳定运行、减速、倾翻和制动共 6 个阶段，在整个过程中包括一次加速、两次减速。

5.7.2 交流电动机的选用

炼铁高炉主卷扬机变频调速拖动系统在选择交流异步电动机时，需要考虑以下问题： 应注意低频时有效转矩必须满足的要求； 电动机必须有足够大的起动转矩来确保重载起动。

针对本系统 100m³ 的高炉，选用 Y280S-8 的三相交流异步电动机，其额定功率为 37kW，额定电流为 78.2A，额定电压为 380V，额定转速为 40r/min，效率为 91%，功率因数为 0.79。

5.7.3 变频器的选择

（1）变频器的容量

高炉卷扬系统具有恒转矩特性，重载起动时，变频器的容量应按运行过程中可能出现的最大工作电流来选择，即：

$$I_N > I_{Mmax}$$

式中，I_N 为变频器的额定电流；I_{Mmax} 为电动机的最大工作电流。变频器的过载能力通常为变频器额定电流的 1.5 倍，这只对电动机的起动或制动过程才有意义，不能作为变频器选型时的最大电流。

因此，所选择的变频器容量应比变频器说明书中的“配用电动机容量”大一挡至二挡；且应具有无反馈矢量控制功能，使电动机在整个调速范围内，具有真正的恒转矩，满足负载特性要求。

本系统选用西门子 MM440，额定功率 55kW，额定电流 110A 的变频器。该变频器采用高性能的矢量控制技术，具有超强的过载能力，能提供持续 3s 的 200%过载能力，同时提供低速高转矩输出和良好的动态特性。

（2）制动单元

从上料卷扬运行速度曲线可以看出，料车在减速或定位停车时，应选择相应的制动单元及制动电阻，使变频器直流回路的泵升电压保持在允许范围内。

（3）控制与保护

料车卷扬系统是钢铁生产中的重要环节，拖动控制系统应保证绝对安全可靠。同时，高炉炼铁生产现场环境较为恶劣，所以，系统还应具有必要的故障检测和诊断功能。

根据料车运行速度要求，电动机在高速、中速、低速段的速度曲线采用变频器设定的固定频率，按速度切换主令控制器发出的信号由 PLC 控制转速的切换。

（4）变频调速系统电路原理图如图 5.17 所示。

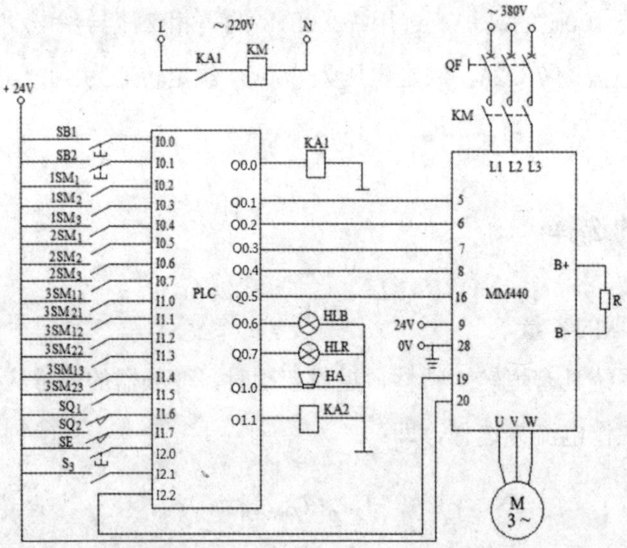

图 5.17 卷扬机变频调速系统电路原理图

根据料车运行速度，可画出变频器频率曲线，如图 5.18 所示。

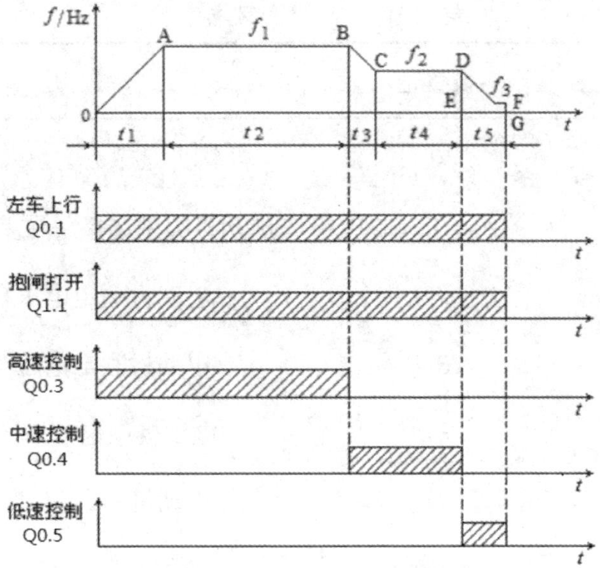

图 5.18 卷扬机变频器频率曲线

图中 OA 段为重料车起动加速段，加速时间为 3s；AB 段为料车高速运行段，f1=50Hz 为高速运行对应的变频器频率，电动机转速为 740r/min，钢绳速度 1.5m/s。

BC 段为料车的第一次减速段，由主令控制器发出第一次减速信号给 PLC，由 PLC 控制变频器 MM440，使频率从 50Hz 下降到 20Hz，电动机转速从 740r/min 下降到 296r/min，钢绳速度从 1.5m/s 下降到 0.6m/s，减速时间为 1.8S。

CD 段为料车中速运行段，频率为 f1=20Hz；DE 段为料车的第二次减速段，由主令控制器发出第二次减速信号给 PLC。由 PLC 控制 MM440，使频率从 20Hz 下降到 6Hz，电动机转速从 296r/min 下降到 88.8r/min，钢绳速度从 0.6m/s 下降到 0.18m/s。

EF 段为料车低速运行段，频率为 6Hz；FG 段为料车制动停车段，当料车运行至高炉顶时，限位开关发出停车命令，由 PLC 控制 MM440 完成停车。

左右料车运行速度曲线一致。

（5）变频器参数设置

设置 P0010=30，P0970=1，然后按下 P 键，使变频器恢复到出厂设置。变频器各项参数设置如下表所示。

表 5.16 卷扬机变频器参数表

参数号	设置值	说 明
P0100	0	功率以 KW 表示，频率为 50Hz
P0300	1	电动机类型选择（异步电动机）
P0304	380	电动机额定电压（V）
P0305	78.2	电动机额定电流（A）
P0307	37	电动机额定功率（kW）
P0309	91	电动机额定效率（%）
P0310	50	电动机额定频率（Hz）
P0311	740	电动机额定转速（r/min）
P0700	2	命令源选择“由端子排输入”
P0701	1	ON 接通正转，OFF 停止
P0702	2	N 接通反转，OFF 停止
P0703	16	选择固定频率（Hz）+ON
P0704	16	选择固定频率（Hz）+ON
P0705	16	选择固定频率（Hz）+ON
P0731	52.3	变频器故障
P1000	3	选择固定频率设定值
P1003	50	设定固定频率 f1=50Hz
P1004	20	设定固定频率 f2=20Hz
P1005	6	设定固定频率 f3=6Hz

续表

P1080	0	电动机运行的最低频率（Hz）
P1082	50	电动机运行的最高频率（Hz）
P1120	3	斜坡上升时间（s）
P1121	3	斜坡下降时间（s）
P1300	20	变频器为无速度反馈的矢量控制

（6）S7—200 PLC 程序设计

S7—200 PLC 的 I/O 分配表如下表所示：

表 5.17 卷扬机 I/O 分配表

输入设备	输入地址	输入设备	输入(出)地址
主接触器合闸按钮 SB1	I0.0	右车限位开关 SQ1	I1.7
主接触器分闸按钮 SB2	I0.1	急停开关 SE	I2.0
1SM 左车上行触头 1SM1	I0.2	松绳保护开关 S3	I2.1
1SM 右车上行触头 1SM2	I0.3	变频器故障保护输出 19、20	I2.2
1SM 手动停车触头 1SM3	I0.4	变频器合闸继电器 KA1	Q0.0
2SM 手动操作触头 2SM1	I0.5	左料车上行(5 端口)	Q0.1
2SM 自动操作触头 2SM2	I0.6	右料车上行(6 端口)	Q0.2
2SM 停车触头 2SM3	I0.7	高速运行（7 端口）	Q0.3
3SM 左车快速上行触头 3SM11	I1.0	中速运行（8 端口）	Q0.4

续表

3SM 右车快速上行触头 3SM21	I1.1	低速运行（16 端口）	Q0.5
3SM 左车中速上行触头 3SM12	I1.2	工作电源指示 HLB	Q0.6
3SM 右车中速上行触头 3SM22	I1.3	故障灯光指示 HLR	Q0.7
3SM 左车慢速上行触头 3SM13	I1.4	故障音响报警 HA	Q1.0
3SM 右车慢速上行触头 3SM23	I1.5	抱闸继电器 KA2	Q1.1
左车限位开关 SQ1	I1.6		

频率分配如下表所示。

表 5.18 频率分配表

固定频率	16 端口	8 端口	7 端口	频率参数	频率设定值
高 $f1$	0	0	1	P1001	50
中 $f2$	0	1	0	P1002	20
低 $f3$	1	0	0	P1004	6

利用西门子 STEP7 软件编写 PLC 梯形图程序进行速度控制，梯形图如下图所示。

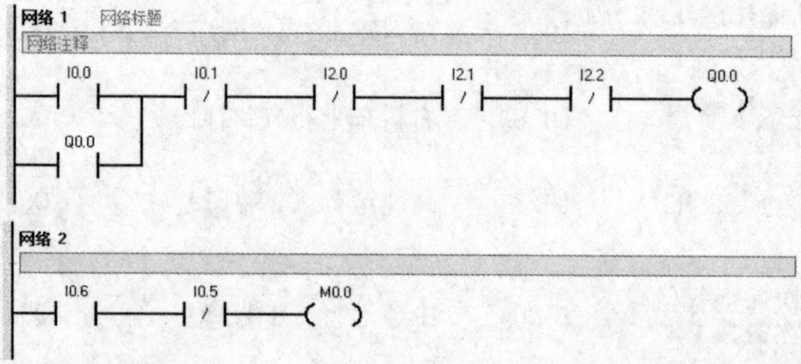

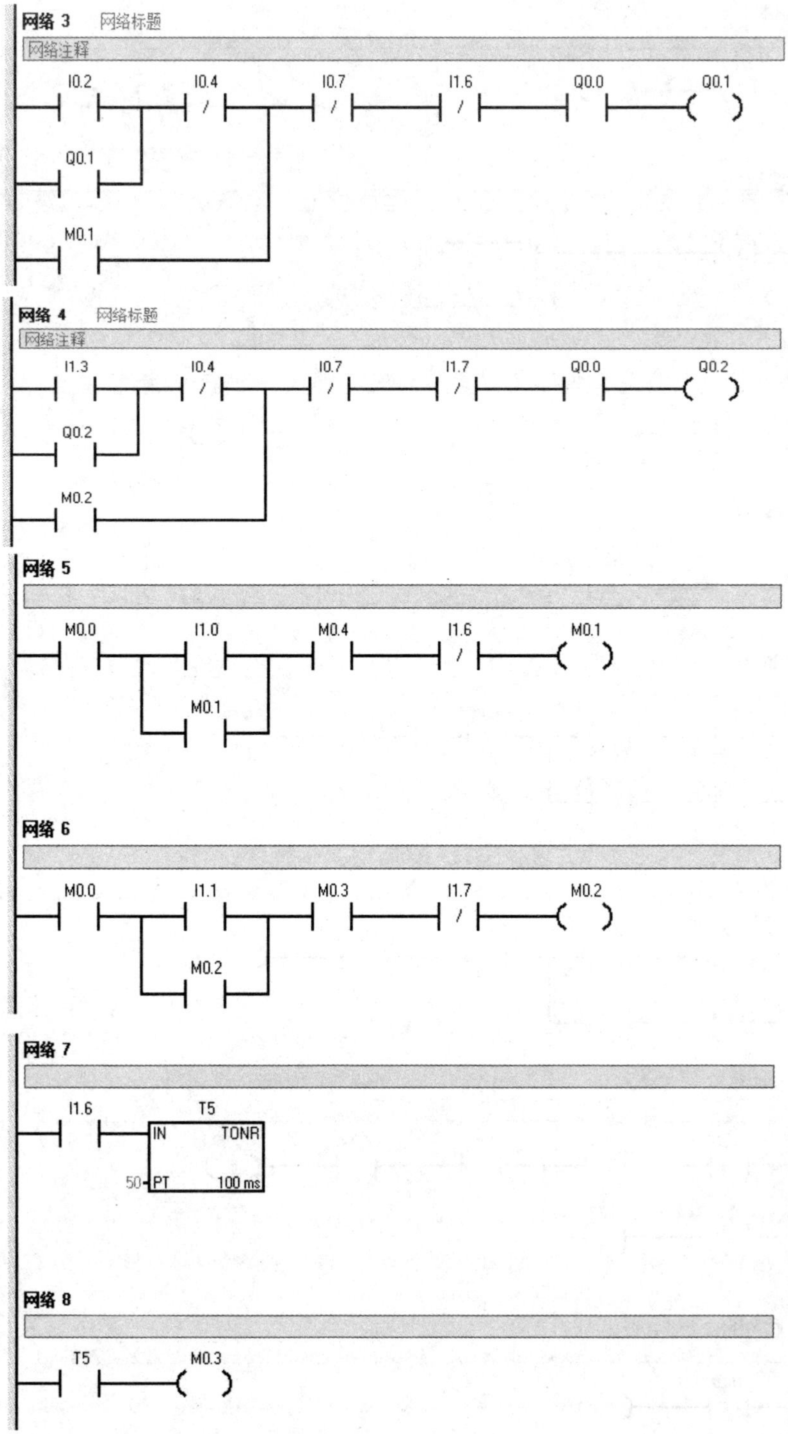
网络 3 网络标题
网络注释
I0.2
I0.4
I0.7
I1.6
Q0.0
Q0.1
Q0.1
M0.1
网络 4 网络标题
网络注释
I1.3
I0.4
I0.7
I1.7
Q0.0
Q0.2
Q0.2
M0.2
网络 5
M0.0
I1.0
M0.4
I1.6
M0.1
M0.1
网络 6
M0.0
I1.1
M0.3
I1.7
M0.2
M0.2
网络 7
I1.6
T5
IN
TONR
50
PT
100 ms
网络 8
T5
M0.3

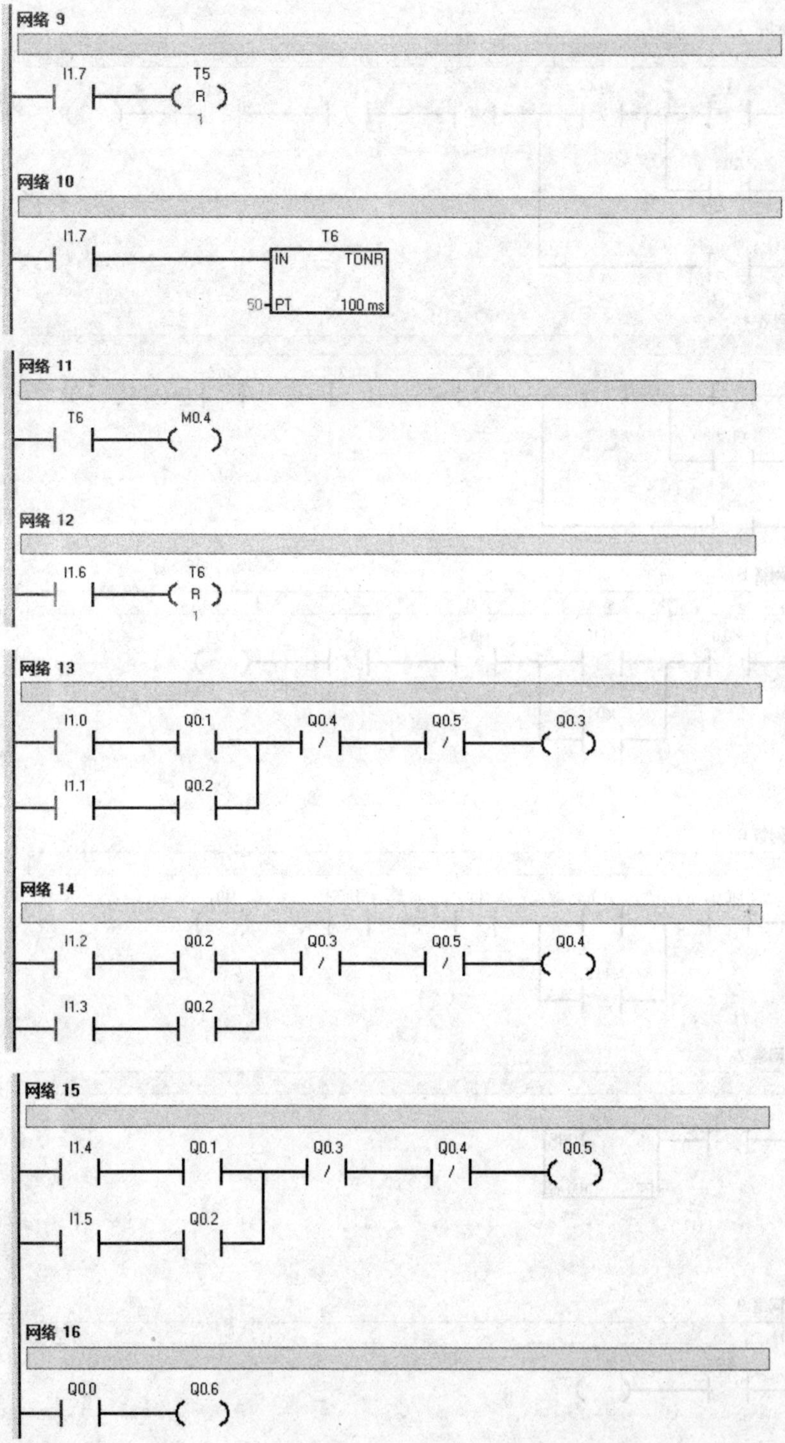
网络 9
I1.7
T5
R
1
网络 10
I1.7
T6
IN
TONR
50
PT
100 ms
网络 11
T6
M0.4
网络 12
I1.6
T6
R
1
网络 13
I1.0
Q0.1
Q0.4
Q0.5
Q0.3
I1.1
Q0.2
网络 14
I1.2
Q0.2
Q0.3
Q0.5
Q0.4
I1.3
Q0.2
网络 15
I1.4
Q0.1
Q0.3
Q0.4
Q0.5
I1.5
Q0.2
网络 16
Q0.0
Q0.6

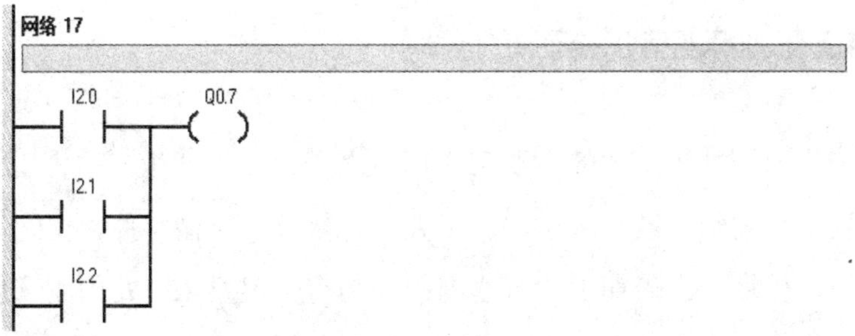

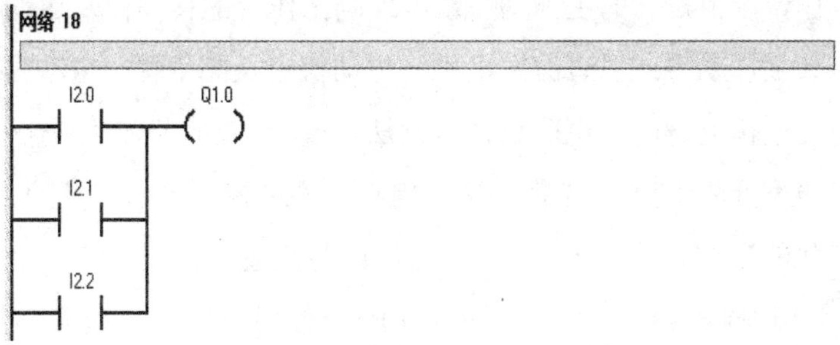

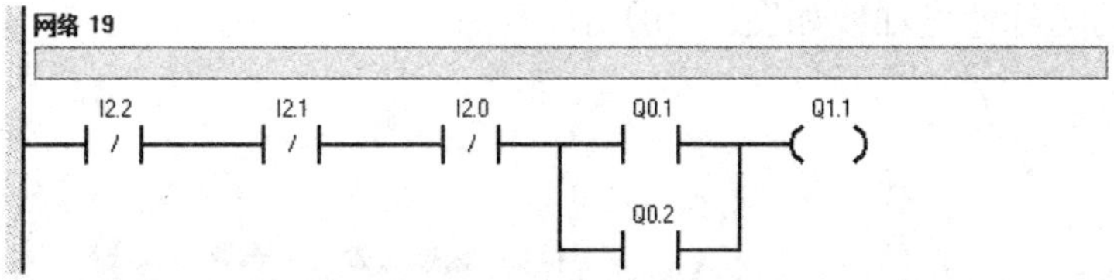

采用 PLC 变频调速系统提高了系统运行的平稳性、工作的可靠性，操作与维护也很方便，同时节约了大量电能。

由于系统在设置参数 P1300 时采用的是无速度反馈的矢量控制方式对电动机的速度进行控制，可以得到大的转矩，改善瞬态响应特性，具有良好的速度稳定性，而且在低频时可以提高电动机的转矩。

这种高炉主卷扬调速系统将会给企业带来更大的效益。

5.8 MM440 在刨床控制系统中的应用

龙门刨床作为机械工业中的主要工作母机之一，在工业生产中占有重要地位。其生产工艺主要是刨削（或磨削），加工大型、狭长的机械零件，主运动为刨台频繁的往复运动，往复一个周期中，对速度的控制有一定要求。龙门刨床电气控制系统主要控制工作台，也是它的主拖动系统，控制工作台的自动往复运动和调速。现行的龙门刨床其主拖动方式以直流发电机—电动机组及晶闸管—电动机系统为主，采用两级齿轮变速箱变速的机电联合调节方法。

龙门刨床传统的控制方式是拖动电路电机较多，控制繁杂，维护、检修困难。随着工业自动化的发展，变频器、PLC在工厂设备改造中得到广泛应用，本文采用西门子MM420系列变频器和S7—200系列PLC配合使用对B2010A型龙门刨床进行改造，工作台的运行速度曲线如图5.19所示。

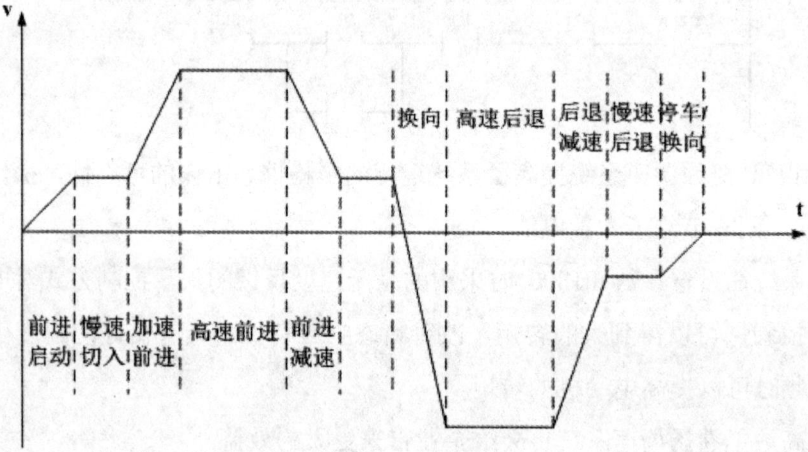

图 5.19 工作台运行速度示意图

分析龙门刨床主拖动系统的控制要求可知，加工过程中工作台经常处于启动、加速、减速、制动、换向状态，大多数变频器具有多段速度控制功能。通过几个开关的通、断组合来选择不同的运行频率[2]。这些信号都作为PLC输入量，经梯形图程序进行逻辑处理后，PLC的输出作为变频器的外部数字输入量，确定变频器运行速度段数。变频器各段运行速度，在设置变频器具体参数时给出。

（1）变频器与PLC接线图

根据控制要求及I/O分配，绘制变频器与PLC硬件接线图，如图5.20所示 。

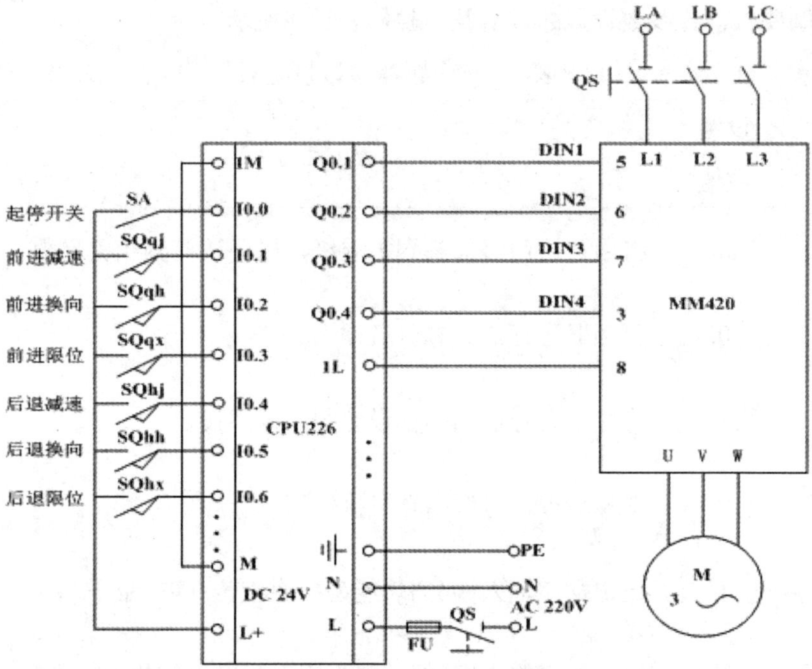

图5.20 变频器与PLC接线图

（2）变频器参数介绍

① 数字输入端（P0701-P0704）MICROMASTER420 系列变频器共有 4 个数字输入端，每个数字输入端对应不同的功能都有 19 种不同的设定值，按控制要求，除需用 1 个端子完成起动、停止外，剩余 3 个端子完成 4 级速度的切换。完成速度切换的端子可选的设定值有 3 种，分别为：固定频率设定值（直接选择）；固定频率设定值（直接选择+ON 命令）；固定频率设定值（二进制编码的十进制数（BCD 码）选择+ ON 命令）。

② 固定频率 1-7（P1001-P1007）定义固定频率 1-7 的设定值，这 7 个参数只有缺省值不同。二进制编码的十进制数（BCD 码）选择+ON 命令（P0701=P0702=P0703=17）

用这种方法最多可选择 7 个固定频率。

（3）变频器参数设置

首先恢复出厂设置，如需根据电动机铭牌改变电动机参数，则进行快速调试。根据控制要求，各参数设置的数值及步骤如表5.19所示。

表 5.19 变频器参数设定表

参数代码	设定数值	功能	备注
P0003	3	将用户访问级提高到扩展级，以便访问到相关参数	
P0010	0	变频器运行前此参数必须为0	
P1000	3	将频率设定值的选择设为固定频率设定	
P0700	2	选择命令信号源由端子排输入	缺省值
P0704	1	设定数字输入端4的功能为接通正转/停车命令	
P0701	17	设定数字输入端1的功能为固定频率设定值	
P0702	17	设定数字输入端2的功能为固定频率设定值	
P0703	17	设定数字输入端3的功能为固定频率设定值	
P1001	25	设定固定频率1	
P1002	45	设定固定频率2	
P1003	—50	设定固定频率3	
P1004	—20	设定固定频率4	

S7—200PLC I/O分配和梯形图设计

根据任务分析，对输入量、输出量进行分配，如表5.20所示。

表 5.20 I/O 地址分配表

输入量	地址	输出量	地址
启动/停止开关（SA）	I0.0	起停功能（DIN4）	Q0.4
前进减速行程开关（SQ_{QJ}）	I0.1	四速功能（DIN1）	Q0.1
前进换向行程开关（SQ_{QH}）	I0.2	四速功能（DIN2）	Q0.2
前进限位行程开关（SQ_{QX}）	I0.3	四速功能（DIN3）	Q0.3
后退减速行程开关（SQ_{HJ}）	I0.4		
后退换向行程开关（SQ_{HH}）	I0.5		
后退限位行程开关（SQ_{HX}）	I0.6		

根据控制要求绘制顺序功能图并设计梯形图，如图5.21，图5.22所示。

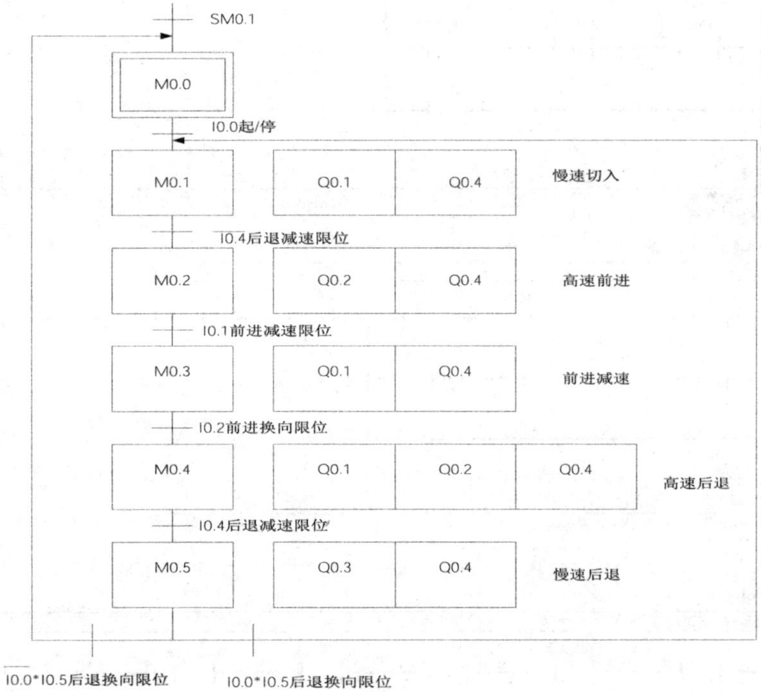

图5.21顺序功能图

程序设计上将龙门刨床工作台的动作分为单周期和循环工作方式，编程方法采用顺序控制设计法，这种编程方法的特点是程序量较大，但编程有章可循，逻辑关系清晰，比较适用于周期长、步骤多的控制要求。

系统开始工作后，工作台要求慢速切入，程序经初始状态后进入到由位存储器M0.1代表的第一步，步内的动作为Q0.1及Q0.4，Q0.4作为变频器外控的输入信号，控制电动机的启停。Q0.1、Q0.2、 Q0.3为变频器的四级变速输入信号,以行程开关作为转换条件,通过二进制组合的四种方式控制电动机四级速度。

顺序功能图的结构为选择序列方式，分支在最后一步的的结束位置，两个分支对应两种不同的工作方式[4]。在工作过程中未按下停止按钮，则从M0.5转换至M0.1，开始下一周期的动作。若在工作过程中按下停止按钮，则等到完成整个工作周期之后，转到M0.0，回到停止状态。

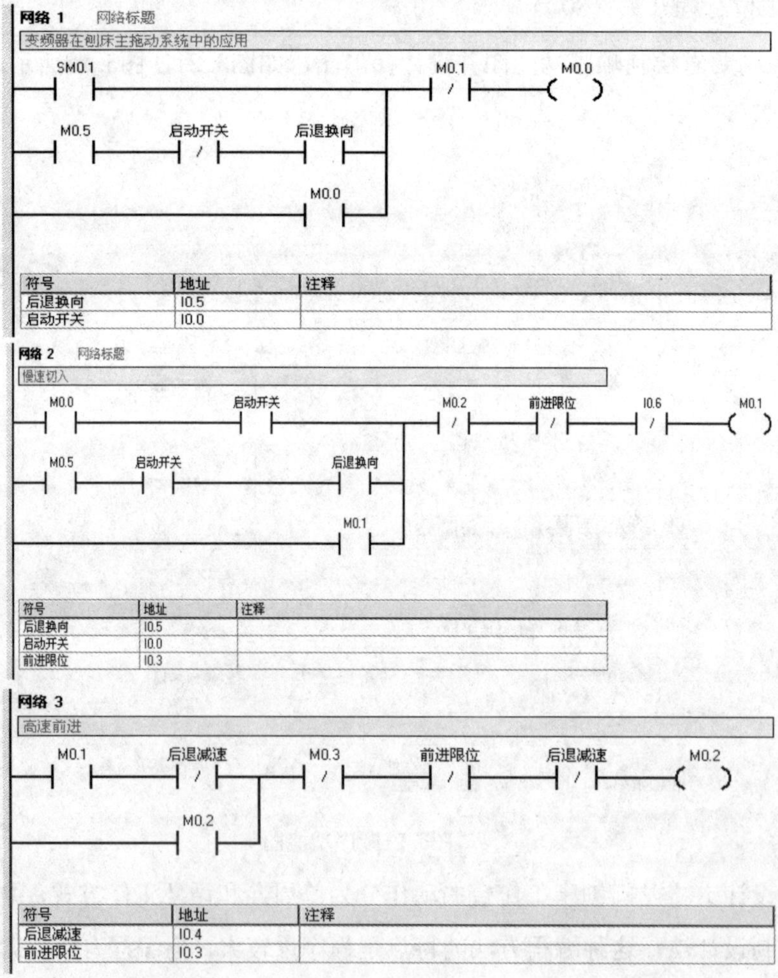

符号	地址	注释
后退换向	I0.5	
启动开关	I0.0	

符号	地址	注释
后退换向	I0.5	
启动开关	I0.0	
前进限位	I0.3	

符号	地址	注释
后退减速	I0.4	
前进限位	I0.3	

网络 4

前进减速

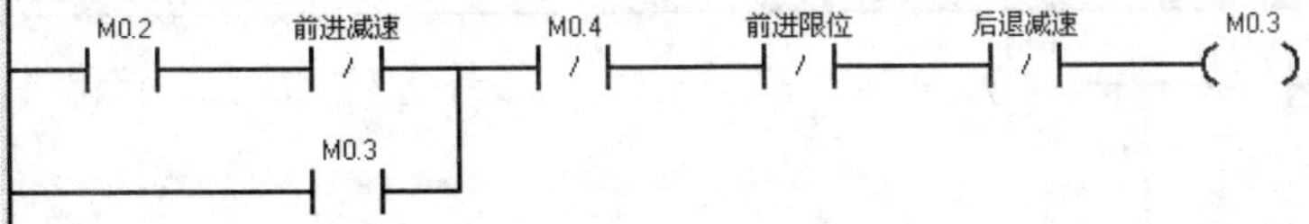

符号	地址	注释
后退减速	I0.4	
前进减速	I0.1	
前进限位	I0.3	

网络 5

高速后退

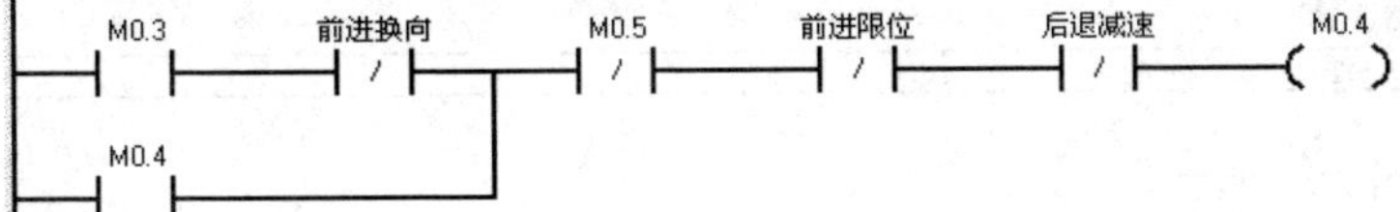

符号	地址	注释
后退减速	I0.4	
前进换向	I0.2	
前进限位	I0.3	

网络 6

慢速后退

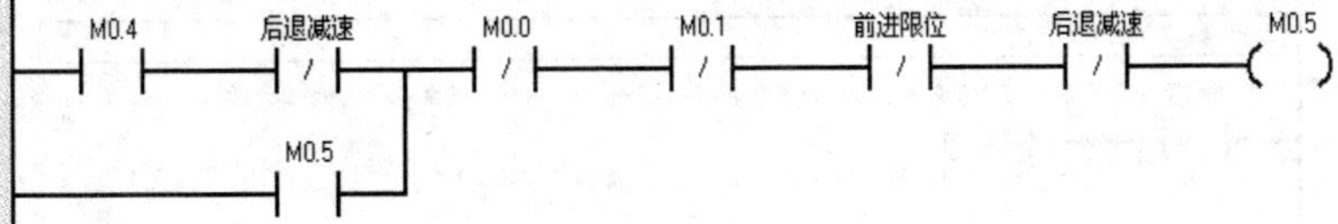

符号	地址	注释
后退减速	I0.4	
前进限位	I0.3	

网络 7

对变频器数字输入端的控制

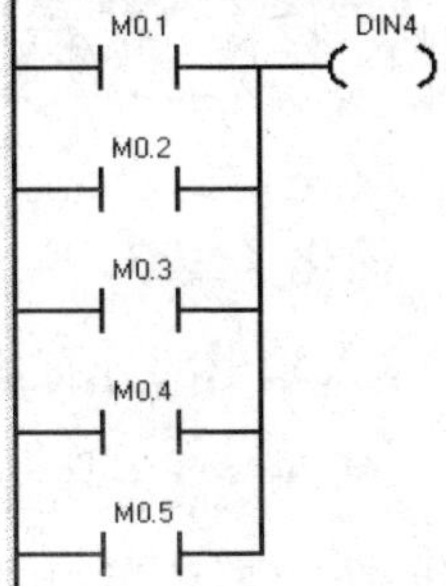

符号	地址	注释
DIN4	Q0.4	

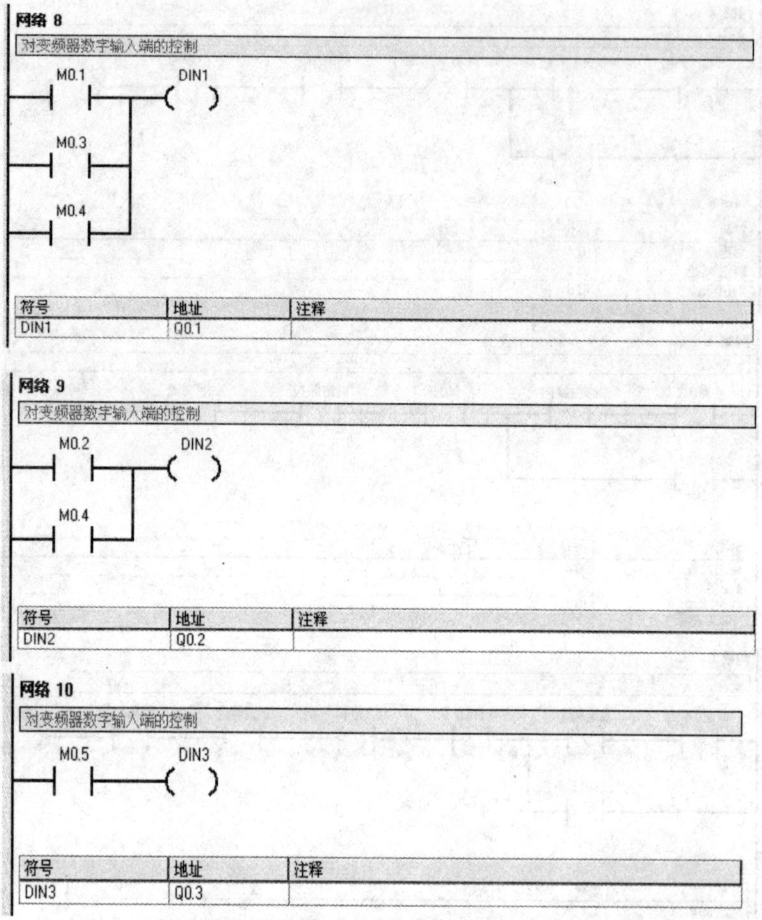

图5.22 程序梯形图

用可编程控制器与变频器改造传统机床电气系统，具有投资省、见效快的特点。通过使用PLC与变频器改造B2010A型龙门刨床电气系统后，经过一年多运行，具有如下优点：

（1）节省了原机床的中间继电器、时间继电器等，简化了线路。

（2）由于PLC的高可靠性，使电气故障次数减少，输入输出部分有信号指示，为准确判断电器故障的发生部位提供了很大的帮助。

（3）变频器由计算机控制，具有故障自诊功能，维护方便，节约电能近30%。

（4）采用变频器调速，实现了工作台的无死区调速，提高刨削效率20%。

（5）该项技术还可推广应用于其他辅机设备或其他领域的自动化控制改造中。

5.9MM440在离心机调速系统中的应用

水泥电杆厂的电杆成型离心机大多采用三相并励整流子电机，整流子电机具有启动电流小、启动转矩大，并能调速等特点。

但整流子电机结构复杂，换向困难，维修成本高，调试繁琐，空载电流曲线图调试不好，运行时会在换向器表面形成较大火花，影响电机正常运行，缩短电机运行寿命。

长期应用发现，整流子电机经多年的运行，其整流子磨损严重，几乎每月都需对整流子和碳刷进行研磨和更换，平均无故障连续运行时间缩短，绕组因整定调试不好也易烧坏，加大了成本。

另外，在电杆成型时，速度的变换是靠操作者手工调动整流子电机的变速机构实现，人为因素太大，不能保证严格执行工艺流程和标准，给产品质量留下很大隐患。

基于以上原因，对某电杆厂机组采用普通三相异步电动机配用变频器进行调速系统改造。

在电杆成型过程中，当电机带动钢模旋转产生的离心力等于或稍大于混凝土的自重力时，混凝土就能克服重力的影响，远离旋转中心产生沉降分布于杆模四周而不塌落。当速度继续升高时，离心力使混凝土混合物中的各种材料颗粒沿离心力的方向挤向杆壁四周，达到均匀密实成型。

其工艺步骤分为三步：

（1）慢速阶段2～3min，使混凝土分布钢模内壁四周而不塌落。

（2）中速阶段0.5～1min，防止离心过程混凝土结构受到破坏，这是从低速到高速的一个短时过渡阶段。

（3）高速阶段6～15min，将混凝土沿离心力方向挤向内模壁四周，达到均匀密实成型，并排除多余水分。

各阶段的运行速度和运行时间视不同规格和型号的电杆而有所不同，其运行速度图如下图所示。

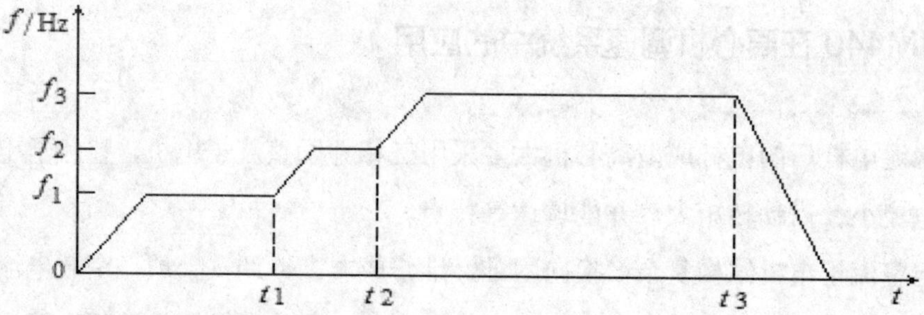

图5.23运行速度图

交流电动机的选型，原整流子电机的功率为40kW，速度变化范围为160～1400r/min，按离心机负载最大静态阻转矩T，离心机的最高旋转速度n、传动装置的，效率 η，根据下式计算：

$$P=\frac{Tn}{975\eta}$$

选用有Y225S-4，37kW（额定电流69.9A，额定电压380V，额定转速1480 r/min，功率因素0.87）三相交流感应电机可满足工作要求。

变频器的选用，变频器的选用应满足以下规则：变频器的容量应大于负载所需的输出；变频器的电流大于电机的电流。

因电机的计算功率小于所选功率，根据变频器容量的选择方法进行计算，可选用37KW，额定电流75A的变频器。

考虑到改进设计方案的可行性、调速系统稳定性及性价比，采用西门子MM440，37kW，额定电流为75A的通用变频器。

该变频器能提供低速高转矩输出和良好的动态特性，具备200%的过载能力。由于负载为大惯性负载，在停车时，为防止因惯性而产生的回馈制动使泵升电压过高的现象，加入制动电阻，斜坡下降时间设定长一些。外接制动电阻的阻值和功率可按下式计算：

$$R\geq\frac{2U_d}{I_N}$$

$$P \geq (0.3 \sim 0.5)\frac{U_d^2}{R}$$

式中，为U_d变频器直流侧电压；I_N为变频器的额定电流。本系统采用西门子与37kW电机配套的制动电阻4BD22-2EA0，1.5Ω，2.2kW。

变频器的各项参数设置如下表所示

表 5.21 变频器参数设置

参数号	设置值	说明
P0100	0	功率以 KW 表示，频率为 50Hz
P3900	3	快速调试
P0300	1	电动机类型选择（异步电动机）
P0304	380	电动机额定电压（V）
P0305	69.9	电动机额定电流（A）
P0307	37	电动机额定功率（kW）
P0308	0.87	电动机额定功率因素
P0309	92.5	电动机额定效率（%）
P0310	50	电动机额定频率（Hz）
P0311	1480	电动机额定转速（r/min）
P3900	1	快速调试结束
P0700	2	命令源选择“由端子排输入”
P1000	23	变频器频率设定值来源于固定频率和模拟量叠加
P0701	16	Din1 选择固定频率 1 运行
P0702	16	Din2 选择固定频率 2 运行
P0703	16	Din3 选择固定频率 3 运行

P0705	1	Din5 控制变频器的启/停

续表

P0706	10	Din6 正向点动
P1001	20	固定频率 1，20Hz
P1002	30	固定频率 2，30Hz
P1003	40	固定频率 3，40Hz
P0731	52.3	变频器故障指示
P1058	10	正向点动频率，10Hz
P1080	0	电动机运行的最低频率（Hz）
P1082	45	电动机运行的最高频率（Hz）
P1120	5	斜坡上升时间（s）
P1121	20	斜坡下降时间（s）
P1060	5	点动斜坡上升时间（s）
P1061	5	点动斜坡下降时间（s）
P1300	20	变频器为无速度反馈的矢量控制

控制电路设计

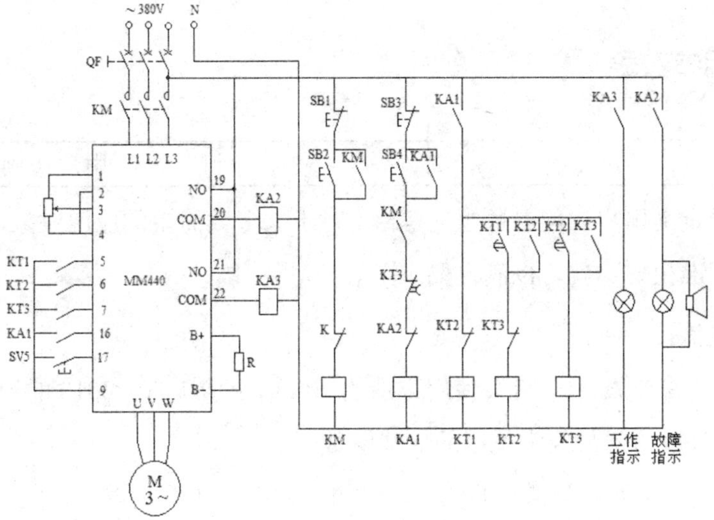

图5.24 控制电路设计图

为保证生产工艺标准的统一，电机在低、中、高速段的速度采用变频器设定的固定频率，按时间控制原则由外接时间继电器控制转速的切换。

另外，为防止由于模具差异在运行中出现跳动而带来的影响和对转速调整的要求，系统用模拟量输入作为附加给定，与固定频率设定相叠加以满足不同型号模具特殊要求，调速系统电路如下图所示。制动电阻的热敏开关K与接触器KM线圈串联，当制动电阻过热时，热敏电阻开关K断开，使接触器KM线圈失电，切断变频器电源。当按下起动按钮SB4后，变频器按照时间继电器KT1、KT2、KT3的整定时间依次切换，控制电机进入低、中、高速运行，工艺流程执行完毕后自动停止，等待下一次运行。

变频器工作中若发生故障，由KA2输出故障信号，并使电机停转，变频器正常工作时由KA3给出工作指示。由于系统在设置参数P1300时，采用的是无速度反馈的矢量控制方式，在这种方式下，用固有的滑差补偿对电机的速度进行控制，可以得到大的转矩、改善瞬态响应特性、具有优良的速度稳定性，而且在低频时可以提高电机的转矩。

附录1常用参数表

P0003	用户访问级
本参数用于定义用户访问参数组的等级。对于大多数简单的应用对象，采用缺省设定值（标准模式）就可以满足要求了。 可能的设定值： 0 用户定义的参数表 — 有关使用方法的详细情况请参看 P0013 的说明 1 标准级：可以访问最经常使用的一些参数。 2 扩展级：允许扩展访问参数的范围，例如变频器的 I/O 功能。 3 专家级：只供专家使用。 4 维修级：只供授权的维修人员使用 — 具有密码保护。	
P0004	参数过滤器
可能的设定值： 0 全部参数 2 变频器参数 3 电动机参数 4 速度传感器 5 工艺应用对象 /装置 7 命令，二进制 I/O 8ADC(模 — 数转换)和 DAC(数 — 模转换) 10 设定值通道 /RFG（斜坡函数发生器） 12 驱动装置的特征 13 电动机的控制 20 通讯 21 报警 /警告 /监控 22 工艺参量控制器（例如 PID）	

P0010	调试参数过滤器
本设定值对与调试相关的参数进行过滤，只筛选出那些与特定功能组有关的参数。 可能的设定值： 0 准备 1 快速调试 2 变频器 29 下载 30 工厂的设定值	
r0018	微程序(软件)的版本
r0019	CO/BO：BOP 控制字
显示操作面板命令的状态。 在与 BICO 输入参数互联时，下列设定值作为键盘控制的“信号源”编码。 二进制位的位地址： 位00　ON/OFF1（起动/停车1）　0否　1是 位01　OFF2：按惯性自由停车　0是　1否 位08　正向点动　0否　1是 位11　反转(设定值反向)　0否　1是 位13　电动电位计MOP 升速　0否　1是 位14　电动电位计MOP 降速　0否　1是	
P0100	使用地区：欧洲 / 北美
本参数用于确定功率设定值（例如铭牌的额定功率－P0307）的单位是 [kW] 还是 [hp]。除了基准频率（P2000）以外，还有铭牌的额定频率缺省值（P0310）和最大电动机频率（P1082）的单位也都在这里自动设定。 可能的设定值：	

0 欧洲— [kW]，频率缺省值 50Hz 1 北美— [hp]，频率缺省值 60Hz 2 北美— [kW]，频率缺省值 60Hz	
P0300[3]	选择电动机的类型
可能的设定值： 1 异步电动机 2 同步电动机	
P0304[3]	电动机的额定电压
P0305[3]	电动机额定电流
P0307[3]	电动机额定功率
P0308[3]	电动机的额定功率因数
P0309[3]	电动机的额定效率
P0310[3]	电动机的额定频率
P0311[3]	电动机的额定速度
P0320[3]	电动机磁化电流
P0335[3]	电动机的冷却
可能的设定值： 0 自冷：采用安装在电动机轴上的风机进行冷却 1 强制冷却：采用单独供电的冷却风机进行冷却 2 自冷和内置冷却风机 3 强制冷却和内置冷却风机	
P0340[3]	电动机参数的计算
可能的设定值： 0 不计算 1 完全参数化 2 计算等效电路的各个参数数据 3 计算 V/f和矢量控制的参数	

4 只计算控制器的设定数据只计算控制器的设定数据	
P0400[3]	选择编码器的类型
可能的设定值： 0 禁止 1 单通道编码器 2 不带零位脉冲的正交编码器 3 外部脉冲列 12 带有零位脉冲的正交编码器	
P0408[3]	编码器的脉冲数
P0500[3]	工艺过程的应用对象
可能的设定值： 0 恒定转矩负载风机和水泵 3 简单的定位控制	
P0601[3]	电动机温度传感器
可能的设定值： 0 无温度传感器 1PTC（正温度系数的）热敏元件 2KTY84	
P0604[3]	电动机温度保护的门限值
P0610[3]	电动机过温的应对措施
可能的设定值： 0 除报警外无应对措施 1 报警，并降低最大电流 Imax(引起输出频率降低) 2 报警和跳闸（F0011）	
P0625[3]	电动机运行的环境温度
P0640[3]	电动机过载因子［%］

P0700[3]	选择令源
可能的设定值: 0 工厂的缺省设置 1BOP(键盘)设置 2 由端子排输入 4BOP 链路的 USS 设置 5COM 链路的 USS 设置 6COM 链路的通讯板（CB）设置	
P0701[3]	数字输入 1 的功能
可能的设定值: 0 禁止数字输入 1ON/OFF1（接通正转 /停车命令 1） 2ONreverse/OFF1（接通反转/停车命令 1） 3OFF2 （停车命令 2）—按惯性自由停车 4OFF3 （停车命令 3）—按斜坡函数曲线快速降速 9 故障确认 10 正向点动 11 反向点动 12 反转 13MOP（电动电位计）升速（增加频率） 14MOP 降速（减少频率） 15 固定频率设定值（直接选择） 16 固定频率设定值（直接选择 + ON 命令） 17 固定频率设定值（二进制编码选择 + ON 命令） 25 直流注入制动 29 由外部信号触发跳闸 33 禁止附加频率设定值	

99 使能 BICO 参数化	
P0702[3]	数字输入2的功能
可能的设定值：同P0701[3]	
P0703[3]	数字输入 3 的功能
可能的设定值：同P0701[3]	
P0704[3]	数字输入 4 的功能
可能的设定值：同P0701[3]	
P0705[3]	数字输入5的功能
可能的设定值：同 P0701[3]	
P0706[3]	数字输入6的功能
可能的设定值：同 P0701[3]	
P0707[3]	数字输入7的功能
可能的设定值：同 P0701[3]	
P0708[3]	数字输入8的功能
可能的设定值：同P0701[3]	
P0719[3]	命令和频率设定值的选择
可能的设定值： 0 命令= BICO 参数 设定值 = BICO 参数 1 命令= BICO 参数 设定值 = MOP 设定值 2 命令= BICO 参数 设定值 = 模拟设定值 3 命令= BICO 参数 设定值 = 固定频率 4 命令= BICO 参数 设定值 = BOP 链路USS 5 命令= BICO 参数 设定值 = COM 链路的 USS 6 命令= BICO 参数 设定值 = COM 链路的CB 10 命令= BOP 设定值 = BICO 参数	

11	命令= BOP	设定值	= MOP 设定值
12	命令= BOP	设定值	= 模拟设定值
13	命令= BOP	设定值	= 固定频率
14	命令= BOP	设定值	= BOP 链路的 USS
15	命令= BOP	设定值	= COM 链路的 USS
16	命令= BOP	设定值	= COM 链路的CB
40	命令= BOP 链路的 USS	设定值	= BICO 参数
41	命令= BOP 链路的 USS	设定值	= MOP 设定值
42	命令= BOP 链路的 USS	设定值	= 模拟设定值
43	命令= BOP 链路的 USS	设定值	= 固定频率
44	命令= BOP 链路的 USS	设定值	= BOP 链路的 USS
45	命令= BOP 链路的 USS	设定值	= COM 链路的 USS
46	命令= BOP 链路的 USS	设定值	= COM 链路的CB
50	命令= COM 链路的 USS	设定值	= BICO 参数
51	命令= COM 链路的 USS	设定值	= MOP设定值
52	命令= COM 链路的 USS	设定值	= 模拟设定值
53	命令= COM 链路的 USS	设定值	= 固定频率
54	命令= COM 链路的 USS	设定值	= BOP链路的 USS
55	命令= COM 链路的 USS	设定值	= COM链路的 USS
56	命令= COM 链路的 USS	设定值	= COM链路的 USS
60	命令= COM 链路的 CB	设定值	= BICO参数
61	命令= COM 链路的 CB	设定值	= MOP设定值
62	命令= COM 链路的 CB	设定值	= 模拟设定值
63	命令= COM 链路的 CB	设定值	= 固定频率
64	命令= COM 链路的 CB	设定值	= BOP链路的 USS
65	命令- COM 链路的 CB	设定值	= COM链路的 USS

66　　命令= COM 链路的 CB　　设定值　　= COM链路的CB	
P0756[2]	ADC 的类型
定义模拟输入的类型，并允许模拟输入的监控功能投入。 为了从电压模拟输入切换到电流模拟输入，仅仅修改参数 P0756 是不够的。更确切地说，要求端子板上的 DIP 开关也必须设定为正确的位置。DIP 开关的设定值如下： OFF= 电压输入 (10V) ON= 电流输入 (20mA) DIP 开关的安装位置与模拟输入的对应关系如下： 左面的 DIP 开关(DIP 1)=模拟输入 1 右面的 DIP 开关(DIP2)=模拟输入 2 可能的设定值： 单极性电压输入 (0 至+10V) 带监控的单极性电压输入 (0 至+10V) 单极性电流输入 (0 至 20mA) 带监控的单极性电流输入 (0 至 20mA) 4 双极性电压输入 (—10V 至+10V)	
P0970	工厂复位 参数复位
可能的设定值： 0 禁止复位 1 参数复位	
P1000[3]	频率设定值的选择
可能的设定值： 0　无主设定值 1　MOP 设定值	

2	模拟设定值	
3	固定频率	
4	通过 BOP 链路的USS 设定	
5	通过 COM 联路的USS 设定	
6	通过 COM 链路的CB 设定	
7	模拟设定值 2	
10	无主设定值	+ MOP 设定值
11	MOP 设定值	+ MOP 设定值
12	模拟设定值	+ MOP 设定值
13	固定频率	+ MOP 设定值
14	通过 BOP 链路的USS 设定	+ MOP 设定值
15	通过 COM 联路的USS 设定	+ MOP 设定值
16	通过 COM 链路的CB 设定	+ MOP 设定值
17	模拟设定值 2	+ MOP 设定值
20	无主设定值	+ 模拟设定值
21	MOP 设定值	+ 模拟设定值
22	模拟设定值	+ 模拟设定值
23	固定频率	+ 模拟设定值
24	通过 BOP 链路的USS 设定	+ 模拟设定值
25	通过 COM 联路的USS 设定	+ 模拟设定值
26	通过 COM 链路的CB 设定	+ 模拟设定值
27	模拟设定值 2	+ 模拟设定值
30	无主设定值	+ 固定频率
31	MOP 设定值	+ 固定频率
32	模拟设定值	+ 固定频率
33	固定频率	+ 固定频率

34	通过 BOP 链路的USS 设定	+ 固定频率
35	通过 COM 联路的USS 设定	+ 固定频率
36	通过 COM 链路的CB 设定	+ 固定频率
37	模拟设定值 2	+ 固定频率
40	无主设定值	+ BOP 链路的 USS 设定值
41	MOP 设定值	+ BOP 链路的 USS 设定值
42	模拟设定值	+ BOP 链路的 USS 设定值
43	固定频率	+ BOP 链路的 USS 设定值
44	通过 BOP 链路的USS 设定	+ BOP 链路的 USS 设定值
45	通过 COM 联路的USS 设定	+ BOP 链路的 USS 设定值
46	通过 COM 链路的CB 设定	+ BOP 链路的 USS 设定值
47	模拟设定值 2	+ BOP 链路的 USS 设定值
50	无主设定值	+ COM 链路的 USS 设定值
51	MOP 设定值	+ COM 链路的 USS 设定值
52	模拟设定值	+ COM 链路的 USS 设定值
53	固定频率	+ COM 链路的 USS 设定值
54	通过 BOP 链路的USS 设定	+ COM 链路的 USS 设定值
55	通过 COM 联路的USS 设定	+ COM 链路的 USS 设定值
56	通过 COM 链路的CB 设定	+ COM 链路的 USS 设定值
57	模拟设定值 2	+ COM 链路的 USS 设定值
60	无主设定值	+ COM 链路的 CB 设定值
61	MOP 设定值	+ COM 链路的 CB 设定值
62	模拟设定值	+ COM 链路的 CB 设定值
63	固定频率	+COM 链路的 CB 设定值
64	通过BOP链路的 USS设定	+COM 链路的 CB 设定值
65	通过COM联路的 USS设定	+COM 链路的 CB 设定值

66	通过COM链路的 CB设定	+COM 链路的 CB 设定值
67	模拟设定值2	+COM 链路的 CB 设定值
70	无主设定值	+模拟设定值 2
71	MOP设定值	+模拟设定值 2
72	模拟设定值	+模拟设定值 2
73	固定频率	+模拟设定值 2
74	通过BOP链路的 USS设定	+模拟设定值 2
75	通过COM联路的 USS设定	+模拟设定值 2
76	通过COM链路的 CB设定	+模拟设定值 2
77	模拟设定值2	+模拟设定值 2

P1001[3]	固定频率 1

定义固定频率 1 的设定值。

有三种选择固定频率的方法：

1 直接选择

2 直接选择 + ON 命令

3 二进制编码选择 + ON 命令

1. 直接选择 (P0701 — P0706 = 15)

在这种操作方式下，一个数字输入选择一个固定频率。如果有几个固定频率输入同时被激活，选定的频率是它们的总和。例如：FF1 + FF2 + FF3 + FF4 + FF5 + FF6。

2. 直接选择 + ON 命令 (P0701 — P0706 = 16)

选择固定频率时，既有选定的固定频率，又带有 ON 命令，把它们组合在一起。在这种操作方式下，一个数字输入选择一个固定频率。如果有几个固定频率输入同时被激活，选定的频率是它们的总和。例如：FF1 + FF2 + FF3 + FF4 + FF5 + FF6。

3. 二进制编码选择 + ON 命令（P0701 — P0706 = 17）

使用这种方法最多可以选择 15 个固定频率。各个固定频率的数值根据下表选择：

		DIN4	DIN3	DIN2	DIN1
	OFF	不激活	不激活	不激活	不激活
P1001	FF1	不激活	不激活	不激活	激活
P1002	FF2	不激活	不激活	激活	不激活
P1003	FF3	不激活	不激活	激活	激活
P1004	FF4	不激活	激活	不激活	不激活
P1005	FF5	不激活	激活	不激活	激活
P1006	FF6	不激活	激活	激活	不激活
P1007	FF7	不激活	激活	激活	激活
P1008	FF8	激活	不激活	不激活	不激活
P1009	FF9	激活	不激活	不激活	激活
P1022	FF10	激活	不激活	激活	不激活
P1011	FF11	激活	不激活	激活	激活
P1012	FF12	激活	激活	不激活	不激活
P1013	FF13	激活	激活	不激活	激活
P1014	FF14	激活	激活	激活	不激活
P1015	FF15	激活	激活	激活	激活

P1002[3]	固定频率 2

请参看参数 P1001（固定频率 1）。

P1003[3]	固定频率 3

请参看参数 P1001（固定频率 1）。

P1004[3]	固定频率 4

请参看参数 P1001（固定频率 1）。	
P1005[3]	固定频率 5
请参看参数 P1001（固定频率 1）。	
P1006[3]	固定频率 6
请参看参数 P1001（固定频率 1）。	
P1007[3]	固定频率 7
请参看参数 P1001（固定频率 1）。	
P1008[3]	固定频率 8
请参看参数 P1001（固定频率 1）。	
P1009[3]	固定频率 9
请参看参数 P1001（固定频率 1）。	
P1010[3]	固定频率 10
请参看参数 P1001（固定频率 1）。	
P1011[3]	固定频率 11
请参看参数 P1001（固定频率 1）。	
P1012[3]	固定频率 12
请参看参数 P1001（固定频率 1）。	
P1013[3]	固定频率 13
请参看参数 P1001（固定频率 1）。	
P1014[3]	固定频率 14
请参看参数 P1001（固定频率 1）。	
P1015[3]	固定频率 15
请参看参数 P1001（固定频率 1）。	
P1040[3]	MOP 的设定值
最小值：—650.00 缺省值：5.00	

最大值：650.00	
P1058[3]	正向点动频率
最小值：0.00 缺省值：5.00 最大值：650.00	
P1059[3]	反向点动频率
最小值：0.00 缺省值：5.00 最大值：650.00	
P1060[3]	点动的斜坡上升时间
最小值：0.00 缺省值：10.00 最大值：650.00	
P1061[3]	点动的斜坡下降时间
最小值：0.00 缺省值：10.00 最大值：650.00	
P1080[3]	最低频率
本参数设定最低的电动机频率 [Hz]。电动机运行在最低频率时，将不顾频率的设定值是多少。	
P1082[3]	最高频率
本参数设定最高的电动机频率 [Hz]。电动机运行在最高频率时，将不顾频率的设定值是多少	
P1120[3]	斜坡上升时间
最小值：0.00 缺省值：10.00 最大值：650.00	

<table>
<tr><td>P1121[3]</td><td>斜坡下降时间</td></tr>
<tr><td colspan="2">最小值：0.00
缺省值：10.00
最大值：650.00</td></tr>
<tr><td>P1300[3]</td><td>变频器的控制方式</td></tr>
<tr><td colspan="2">可能的设定值：
0 线性特性的 V/f 控制。
1 带磁通电流控制（FCC）的 V/f 控制
2 带抛物线特性（平方特性）的 V/f 控制。
3 特性曲线可编程的 V/f 控制。
4 ECO（节能运行）方式的 V/f 控制
5 用于纺织机械的 V/f 控制
6 用于纺织机械的带 FCC 功能的 V/f 控制
19 具有独立电压设定值的 V/f 控制
20 无传感器的矢量控制
21 带有传感器的矢量控制
22 无传感器的矢量－转矩控制
23 带有传感器的矢量－转矩控制</td></tr>
<tr><td>P1500[3]</td><td>选择转矩设定值</td></tr>
<tr><td colspan="2">选择转矩设定值的信号源。在下面的设定值表中，主设定值由低位的数字（即 0 到 7）选择，附加设定值由高位数字（即 x0 至 x7，其中，x = 1—7）选择。
可能的设定值：
0 无主设定值
2 模拟输入设定
4 通过 BOP 链路的 USS 设定
5 通过 COM 链路的 USS 设定
6 通过 COM 链路的通讯板（CB）设定</td></tr>
</table>

7	模拟设定值 2	
20	无主设定值	+ 模拟设定值
22	模拟设定值	+ 模拟设定值
24	通过 BOP 链路的USS 设定	+ 模拟设定值
25	通过 COM 联路的USS 设定	+ 模拟设定值
26	通过 COM 链路的 CB 设定+模拟设定值	
27	模拟设定值 2+模拟设定值	
40	无主设定值+ 通过 BOP链路的 USS设定	
42	模拟设定值+ 通过 BOP链路的 USS设定	
44	通过 BOP 链路的 USS 设定	+通过 BOP 链路的 USS 设定
45	通过 COM 联路的 USS 设定	+通过 BOP 链路的 USS 设定
46	通过 COM 链路的 CB 设定	+通过 BOP 链路的 USS 设定
47	模拟设定值 2	+ 通过 BOP 链路的 USS 设定
50	无主设定值+通过COM联路的 USS设定	
52	模拟设定值+通过COM联路的 USS设定	
54	通过 BOP 链路的 USS 设定	+通过 COM 联路的 USS 设定
55	通过 COM 联路的 USS 设定	+通过 COM 联路的 USS 设定
56	通过 COM 链路的 CB 设定	+通过 COM 联路的 USS 设定
57	模拟设定值 2	+通过 COM 联路的 USS 设定
60	无主设定值	+通过COM链路的 CB设定
62	模拟设定值	+通过COM链路的 CB设定
64	通过 BOP 链路的 USS 设定	+通过 COM 链路的 CB 设定
65	通过 COM 联路的 USS 设定	+通过 COM 链路的 CB 设定
66	通过 COM 链路的 CB 设定	+通过 COM 链路的 CB 设定
67	模拟设定值 2	+通过 COM 链路的 CB 设定
70	无主设定值	+模拟设定值2
72	模拟设定值	+模拟设定值2

74 通过 BOP 链路的 USS 设定 +模拟设定值 2 75 通过 COM 联路的 USS 设定 +模拟设定值 2 76 通过 COM 链路的 CB 设定 +模拟设定值 2 77 模拟设定值2 +模拟设定值2	
P2010[2]	USS 波特率
本参数定义 USS 通讯采用的波特率。 可能的设定值： 4 2400 波特 5 4800 波特 6 9600 波特 7 19200 波特 8 38400 波特 9 57600 波特 10 76800 波特 11 93750 波特 12 115200 波特	
P2011[2]	USS 地址
P2153[3]	速度滤波器的时间常数
P2200[3]	BI：允许PID 控制器投入
P2201[3]	PID 控制器的固定频率设定值1
P2253[3]	CI：PID设定值信号源
定义 PID 设定值输入的信号源。 本参数 (P2253) 允许用户选择 PID 设定值的信号源。既可以用 PID 固定频率设定值，也可以用已激活的设定值来选定数字的PID 设定值。 设定值： 755=模拟输入 1 2224=固定的 PID 设定值.(参看 P2201 至 P2207) 2250=已激活的 PID 设定值 (参看 P2240)	
P2257	PID 设定值的斜坡上升时

	间
P2258	PID 设定值的斜坡下降时间
P2264[3]	CI：PID反馈信号
选择 PID 反馈的信号源。 设定值： 755 = 模拟输入 1 设定值 2224 = PID 固定设定值 2250 = PID—MOP 的输出设定值	
P2265	PID 反馈滤波时间常数
P2271	PID 传感器的反馈型式
允许用户选择 PID 传感器反馈信号的型式。 0：[缺省值] 如果反馈信号低于 PID 设定值，PID 控制器将增加电动机的速度，以校正它们的偏差。 1：如果反馈信号低于 PID 设定值，PID 控制器将降低电动机的速度，以校正它们的偏差。 可能的设定值： 禁止 1 PID 反馈信号反相	
P2274	PID 微分时间
P2280	PID 比例增益系数
P2285	PID 积分时间
P2291	PID 输出上限
P2292	PID 输出下限
P2350	使能PID参数自整定
使能 PID 控制器的参数自整定功能。 可能的设定值： 0 禁止 PID 参数自整定 1 PID 参数自整定 St. ZN	

2 PID 参数自整定，略带超调（ O/S） 3 PID 参数自整定，无超调（ O/S） 4 PID 参数自整定，只含 PI	
P3900	结束快速调试
完成优化电动机的运行所需的计算。 在完成计算以后，P3900 和 P0010（调试参数组）自动复位为它们的初始值 0。 可能的设定值： 0 不用快速调试 1 结束快速调试，并按工厂设置使参数复位 2 结束快速调试 3 结束快速调试，只进行电动机数据的计算	

附录 2 故障及报警信息

故障	引起故障可能的原因	故障诊断和应采取的措施	反应
F0001 过流	1. 电动机的功率（P0307）与变频器的功率 2. (P0206) 不对应 3. 电动机的导线短路 4. 有接地故障	检查以下各项： 1. 电动机的功率（P0307）必须与变频器的功率 (P0206) 相对应。 2. 电缆的长度不得超过允许的最大值。 3. 电动机的电缆和电动机内部不得有短路或接地故障 4. 输入变频器的电动机参数必须与实际使用的电动 参数相对应 5. 输入变频器的定子电阻值（P0350）必须正确无误 6. 电动机的冷却风道必须通畅，电动机不得过载 > 增加斜坡时间 > 减少“提升”的数值	Off2
故障	引起故障可能的原因	故障诊断和应采取的措施	反应

F0002 过电压	1. 直流回路的电压（r0026）超过了跳闸电平(P2172) 2. 由于供电电源电压过高，或者电动机处于 生制动方式下引起过电压。 3. 斜坡下降过快，或者电动机由大惯量负载带动旋转而处于再生制动状态下。	检查以下各项： 1. 电源电压(P0210)必须在变频器铭牌规定的范围以内 。 2. 直流回路电压控制器必须有效（P1240），而且正确地进行了参数化。 3. 斜坡下降时间（P1121）必须与负载的惯量相匹配。 4. 要求的制动功率必须在规定的限定值以内。 **注意** 负载的惯量越大需要的斜坡时间越长 ；否则，应另外接入制动电阻。	Off2
F0003 欠电压	供电电源故障。 冲击负载超过规定的限定值。	检查以下各项： 1. 电源电压(P0210)必须在变频器铭牌规定的范围以内。 2. 检查电源是否短时掉电或有瞬时的电压降低。	Off2
F0004 变频器 过温	冷却风量不足 环境温度过高。	检查以下各项： 1. 变频器运行时冷却风机必须正常运转 2. 调制脉冲的频率必须设定为缺省值 3. 环境温度可能高于变频器的允许值 P0949 = 1：整流器过温P0949 = 2：运行环境过温 P0949 = 3：电子控制箱过温	Off2
F0005 变频器 I2T 过热 保护	变频器过载。 工作/间隙周期时间不符合要求。 电动机功率P0307超过变频器的负载能力(P0206)。	检查以下各项： 1. 负载的工作 /间隙周期时间不得超过指定的允许值。 2. 电动机的功率(P0307）必须与变频器的功率 （P0206）相匹配	Off2

F0011 电动机过温	电动机过载	检查以下各项： 1. 负载的工作 /间隙周期必须正确 2. 标称的电动机温度超限值（P0626—P0628）必须正确 3. 电动机温度报警电平（P0604）必须匹配	Off1
F0012 变频器温度信号丢失	变频器（散热器）的温度传感器断线		Off2
F0015 电动机温度信号丢失	电动机的温度传感器开路或短路。如果检测 到信号已经丢失，温度监控开关便切换为监控电动机的温度模型		Off2
F0020 电源断相	如果三相输入电源电压中的一相丢失，便出 现故障，但变频器的脉冲仍然允许输出，变气魄仍然可以带负载	检查输入电源各相的线路	Off2
F0021 接地故障	如果相电流的总和超过变频器额定电流的 5%时将引起这一故障。		Off2
F0022 功率组件故障	在下列情况下将检测到 UCE故障 P0947=22和故障值 P0948= 12或 13或 14，决定于UCE	检查 I / 0 板 。它必须完全插入	Off2

故障	引起故障可能的原因	故障诊断和应采取的措施	反应
F0023 输出故障	输出的一相断线		Off2
F0024 整流器过温	通风风量不足 冷却风机没有运行 环境温度过高	检查以下各项： ◆ 变频器运行时冷却风机必须处于运转状态 ◆ 脉冲频率必须设定为缺省值 ◆ 环境温度可能高于变频器允许的运行温度	Off2
F0030 冷却风机故障	风机不再工作	1.在装有操作面板选件(AOP或 BOP)时，故障不能被屏蔽。2.需要安装新风机。	Off2
F0035 在重试再起动后自动再起动故障	在重试自动再起动以后，出现自动再起动故障		Off2
F0040 自动校准故障			Off2
F0041 电动机参数自动检测故障	电动机参数自动检测故障。 报警值=0：负载消失 报警值=1：进行自动检测时已达到电流限制的电平。 报警值 =2：自动检测得出的定子电阻小于 0。1%或大于 100%。 报警值 =3：自动检测得出的转子电阻小于 0。1%或大于 100%。 报警值 =4：自动检测得出的定子电抗小于 50%或	0：检查电动机是否与变频器正确连接。 1—40： 检查电动机参数 P304—311 是否正确。检查电动机的接线应该是哪种型式（星形，三角形）。	Off2

	大于 500%。 报警值 =5：自动检测得出的电源电抗小于 50%或大于 500%。 报警值＝6：自动检测得出的转子时间常数小于 10m s 或大于 5 s 。 报警值 =7：自动检测得出的总漏抗小于 5%或大于 50%。 报警值 =8：自动检测得出的定子漏抗小于 25%或大于 250%。 报警值 =9：自动检测得出的转子漏感小于 25% 或大于 250%。 报警值＝20：自动检测得出的 IGBT 通态电压小于 0。5V 或大于 10V。 报警值 = 30：电流控制器达到了电压限制值 报警值=40：自动检测得出的数据组自相矛盾，至少有一个自动检测数据错误 基于电抗 Zb 的百分值 = Vmot，nom / sqrt(3) / Imot，nom		

F0042 速度控制优化功能故障	电动机数据自动检测失败。 报警值 = 0：超出了速度稳定的等待时间 报警值 = 1：读数不合乎逻辑		Off2
F0051 参数 EEPROM 故障	存储不挥发的参数时出现读 /写错误。	1. 工厂复位并重新参数化 2. 更换变频器	Off2
故障	引起故障可能的原因	故障诊断和应采取的措施	反应
F0052 功率组件故障	读取功率组件的参数时出错，或数据非法。	更换变频器	Off2
F0053 I/O EEPROM 故障	读 I/O EEPROM 信息时出错，或数据非法。	1. 检查数据 2. 更换 I/O模块	Off2
F0054 I/O 板错误	连接的 I/O 板不对 I/O 板检测不出识别号，检测不到数据	1. 检查数据 2. 更换 I/O模板	Off2
F0060 Asic 超时	内部通讯故障	1. 如果存在故障，请更换变频器 2. 或与维修部门联系	Off2
F0070 CB 设定值故障	在通讯报文结束时，不能从 CB（通讯板） 接设定值	检查 CB 板和通讯对象	Off2
F0071 USS(BOP 一链接)设定值故障	在通讯报文结束时，不能从 USS 得到设定值	检查 USS 主站	Off2

F0072 USS(COMM链接)设定值故障	在通讯报文结束时，不能从 USS 得到设定值	检查 USS 主站	Off2
F0080ADC输入信号丢失	断线 信号超出限定值		Off2
F0085 外部故障	由端子输入信号触发的外部故障	封锁触发故障的端子输入信号。	Off2
F0090 编码器反馈信号丢失	从编码器来的信号丢失	1. 检查编码器的安装固定情况，设定 P0400=0 并选择 SLVC 控制方式 (P1300 = 20 或 22) 2. 检查编码器与变频器之间的接线 3. 检查编码器应无故障(选择 P1300=0，在一定速度下运行，检查P66中编码器反馈信号) 增加编码器反馈信号消失的门限值(P0492)	Off2
F0101 功率组件溢出	软件出错或处理器故障	运行自测试程序	Off2
F0221 PID 反馈信号低于最小值	PID 反馈信号低于 P2268 设置的最小值。	改变 P2268 的设置值 。或调整反馈增益系数。	Off2
F0222 PID 反馈信号高于最大值	PID 反馈信号超过 P2267 设置的最大值。	改变 P2267 的设置值 。或调整反馈增益系数。	Off2
F0450 BIST测试故障	故障值: 1. 有些功率部件的测试有故障 2. 有些控制板的测试有故障 3.有些功能测试有故障 4. 上电检测时内部 RAM 有故障	1. 变频器可以运行，但有的功能不能正确工作。 2. 更换变频器。	Off2

故障	引起故障可能的原因	故障诊断和应采取的措施	反应
F0452 检测出传动皮带有故障	负载状态表明传动皮带故障或机械有故障。	检查下列各项： 1. 驱动链有无断裂，卡死或堵塞现象。 2. 外接速度传感器（如果采用的话）是否正确地工作； 3. 检查以下的参数 ：P0409 （额定速度下每分钟脉冲数）， P2191 （传动皮带故障的频率偏差）， P2192(与允许偏差相对应的延迟时间)的数值必须正确无误。 ◆ 如果采用转矩控制，以下参数的数值必须正确无误： P2182（频率门限值 f 1）， P2183（频率门限值 f 2）， P2184（频率门限值 f 3）， P2185（转矩上限值 1 ），P2186（转矩下限值 1 ），P2187（转矩上限值 2）， P2188（转矩下限值 2），P2189（转矩 上限值 3）， P2190（转矩下限值 3）， P2192（与允许偏差对应的延迟时间）。 ◆ 如果需要的话，加润滑油	Off2

报警信息

故障	引起故障可能的原因	故障诊断和应采取的措施
A0501 电流限幅	1. 电动机的功率与变频器的功率不匹配 2. 电动机的连接导线太短 3. 接地故障	检查以下各项： 1. 电动机的功率（P0307）必须与变频器功率（P0206）相对应。 2. 电缆的长度不得超过最大允许值。 3. 电动机电缆和电动机内部不得有短路或接地故障 4. 输入变频器的电动机参数必须与实际使用的电动机 一致 5. 定子电阻值（P0350）必须正确无误 6. 电动机的冷却风道是否堵塞，电动机是否过载 ◆ 增加斜坡上升时间。 ◆ 减少“提升”的数值。

A0502 过压限幅	达到了过压限幅值。 斜坡下降时如果直流回路控制器无效(P1240 = 0) 就可能出现这一报警信号。	如果这一报警显示一直存在，请检查变频器的输入电源电压 。
A0503 欠压限幅	供电电源故障 供电电源电压(P0210)和与之相应的直流回路电压(r0026)低于规定的限定值(P2172)。	检查电源电压 (P0210)应保持在允许范围内。
A0504 变频器过温	变频器散热器的温度(P0614)超过了报警电 平，将使调制脉冲的开关频率降低和/或输出频率降低 (取决于 (P0610)的参数化)	检查以下各项： 1. 环境温度必须在规定的范围内 2. 负载状态和“工作一停止”周期时间必须适当
A0505 变频器 I2T 过温	变频器温度超过了报警电平；如果已参数化为(P0610 = 1)，将降低电流。	检查“工作一停止”周期的工作时间应在规定范围内
A0506 变频器的“工作一停止”周期	散热器温度与 IGBT 的结温之差超过了报警的限定值	检查“工作一停止” 周期和冲击负载应在规定范围内
故障	引起故障可能的原因	故障诊断和应采取的措施
A0511 电动机 I2T 过温	电动机过载。 负载的“工作一停止”周期中，工作时间太长。	无论是哪种过温，请检查以下各项： 1. P0604电动机温度报警门限 2. P0625电动机运行的环境温度 3. 如果P0601= 0或1，请检查以下各项： ◆ 铭牌数据是否正确（如果不执行快速调试) ◆ 在进行电动机参数自动检测时(P1910= 0)，等效回路的数据应准确 ◆ 电动机的重量(P0344)是否可靠。必要时应进行修改 ◆ 如果使用的电动机不是西门子的标准电机，应通过参数 P0626，P0627，P0628 改变过温的标准值 4. 如果P0601 = 1，请检查以下各项： ◆ r0035显示的温度值是否可靠

		◆ 传感器是否是KTY84（不支持其他的传感器）
A0512 电动机温度信号丢失	至电动机温度传感器的信号线断线。如果已检，查出信号线断线，温度监控开关应切换到采用电动机的温度模型进行监控。	
A520 整流器过温	整流器的散热器温度超出报警值	请检查以下各项： 1. 环境温度必须在允许限值以内 2. 负载状态和“工作—停止”周期时间必须适当 3. 变频器运行时，冷却风机必须正常转动
A521 运行环境过温	运行环境温度超出报警值	请检查以下各项； 1. 环境温度必须在允许限值以内 2. 变频器运行时，冷却风机必须正常转动 3. 冷却风机的进风口不允许有任何阻塞
A522 I2C 读出超时	通过 I 2 C 总线周期地存取 UCE 的值和功率 组件的 温度发生故障。	
A523 输出故障	输出的一相断线	可以对报警信号加以屏蔽
A0535 制动电阻过热		
A0541 电动机数据自动检测已激活	已选择电动机数据的自动检测(P1910)功能， 或检测正在进行	
A0542 速度控制优化激活	已经选泽速度控制的优化功能(P1960)，或优化正在进行	
A0590 编码器反馈信号丢失的报警	从编码器来的反馈信号丢失，变频器切换到无传感器矢量控制方式运行	停止变频器 ，然后， 1. 检查编码器的安装情况 。如果没有安装编码器，应设定 0400 =0 ，并选泽 SLVC 运行方式(P1300 = 20 或 22) 2. 检查变频器与编码器之间的接线 3. 检查编码器有无故障(选择P1300=

		0，使变频器在某一固定速度下运行，检查P0066的编码器反馈信号） 4. 增加编码器信号丢失的门限值（P0492）
A0600 RTOS 超出正常范围		
A0700 CB 报警 1，详情请参看 CB 手册	CB（通讯板）特有故障	参看 “CB 用户手册”
A0701 CB 报警 2，详情请参看 CB 手册	CB（通讯板）特有故障	参看 “CB 用户手册”
A0702 CB 报警 3，详情请参看 CB 手册。	CB（通讯板）特有故障	参看 “CB 用户手册”
A0703 CB 报警 4，详情请参看 CB 手册	CB（通讯板）特有故障	参看 “CB 用户手册”
A0704 CB 报警 5，详情请参看 CB 手册	CB（通讯板）特有故障	参看 “CB 用户手册”
故障	引起故障可能的原因	故障诊断和应采取的措施
A0705 CB 报警 6，详情请参看 CB 手册	CB（通讯板）特有故障	参看 “CB 用户手册”
A0706 CB 报警 7，详情请参看 CB 手册	CB（通讯板）特有故障	参看 “CB 用户手册”
A0707 CB 报警 8，详情请参看 CB 手册	CB（通讯板）特有故障	参看 “CB 用户手册”
A0708 CB 报警 9，详情请参看 CB 手册	CB（通讯板）特有故障	参看 “CB 用户手册”

A0709 CB 报警 10，详情请参看 CB 手册	CB（通讯板）特有故障	参看 “CB 用户手册”
A0710 CB 通讯错误	变频器与 CB（通讯板）通讯中断	检查CB 硬件
A0711 CB 组态错误	CB（通讯板）报告有组态错误。	检查CB 的参数
A0910 直流回路最大电压 Vdc-max 控制器未激活	直流回路最大电压 Vdc max 控制器未激活，因为 控制器不能把直流回路电压(r0026) 保持在(P2172)规定的范围内。 如果电源电压（P0210)一直太高，就可能出现这一报警信号。 如果电动机由负载带动旋转，使电动机处于再生制动方式下运行，就可能出现这一报警信号。 在斜坡下降时，如果负载的惯量特别大，就可能出现这一报警信号。	检查以下各项： 1. 输入电源电压(P0756)必须在允许范围内。 2. 负载必须匹配。
A0911 直流回路最大电压 Vdc—max 控制器已激活	直流回路最大电压Vdc max 控制器已激活；因此，斜坡下降时间将自动增加，从而自动将直流回路电压(r0026)保持在限定值(P2172)以内。	
A0912 直流回路最小电压 Vdc—min 控制器已激活	如果直流回路电压(r0026)降低到最低允许电压(P2172)以下，直流回路最小电压 Vdc min 控制 器将被激活。 电动机的动能受到直流回路电压缓冲作用的吸收，从而使驱动装置减速 短时的掉电并不一定会导致欠电压跳闸。	

A0920 ADC 参数设定不正确	ADC 的参数不应设定为相同的值，因为，这样将产生不合乎逻辑的结果。 标记 0:参数设定为输出相同 标记 1:参数设定为输入相同 标记 2:参数设定输入不符合ADC的类型	
A0921 DAC 参数设定不正确	DAC 的参数不应设定为相同的值，因为，这样将产生不合乎逻辑的结果。 标记 0:参数设定为输出相同 标记 1:参数设定为输入相同 标记 2:参数设定输出不符合DAC的类型	
A0922 变频器 没有负载	变频器没有负载。 有些功能不能像正常负载情况下那样工作。	
A0923 同时请求正向和反向点动	已有向前点动和向后点动(P1055 / P1056) 的请求信号。这将使RFG 的输出频率稳定在它的当前值。	
故障	引起故障可能的原因	故障诊断和应采取的措施
A0952 检测到传动皮带故障	电动机的负载状态表明皮带有故障或机械有故障。	检查以下各项: 1.驱动装置的传动系统有无断裂,卡死或堵塞现象。 2.外接的速度传感器（如果采用速度反馈的话）工作 应正常。 P0409（额定速度下每分钟脉冲数）， P2191（回线频率差）和 P2192（与允许偏差相对应的延迟时间）的数值必须正确无误。 3. 如果使用转矩控制功能，请检查以下参数的数值必须正确无误：P2182(频率门限值F1)， P2183(频率门限值 f2)， P2184(频率门

		限值 f3)， P2185(转矩上限值 1)， P2186(转矩下限值 1)， P2187(转矩上限值 2)， P2188(转矩下限值 2)， P2189(转矩上限值3)， P2190(转矩下限值 3)和P2192（与允许偏差相对应的延迟时间）。 4. 必要时加润滑

参考文献

[1] 张小洁.变频器技术与应用[M]. 北京：机械工业出版社，2017

[2] 王建.杨秀双.西门子变频器入门与典型应用[M].北京：中国电力出版社，2012

[3] 宋峰青.变频技术. 北京：中国劳动社会保障出版社，2004

[4] 刘建华.变频调速技术.北京：中国劳动社会保障出版社，2006

[5] 吕惠芳.变频调速在恒压供水系统中的应用[J].信息技术，2010

[6] 宁耀斌.明正峰，钟彦儒.变频调速恒压供水系统的原理与实现[J].西安理工大学学报，2001